FORSCHUNGSBERICHTE DES WIRTSCHAFTS- UND VERKEHRSMINISTERIUMS NORDRHEIN-WESTFALEN

Herausgegeben von Staatssekretär Prof. Leo Brandt

Nr. 174

Prof. Dr. phil. C. von Fragstein
Dr. phil. J. Meingast
H. Hoch

Herstellung von Solen einheitlicher Teilchengröße und Ermittlung ihrer optischen Eigenschaften

aus dem
II. Physikalischen Institut der Universität Köln

Als Manuskript gedruckt

SPRINGER FACHMEDIEN WIESBADEN GMBH

1955

ISBN 978-3-663-03682-1   ISBN 978-3-663-04871-8 (eBook)
DOI 10.1007/978-3-663-04871-8

Forschungsberichte des Wirtschafts- und Verkehrsministeriums Nordrhein-Westfalen

G l i e d e r u n g

1. Theoretische Betrachtungen . . . . S. 5
2. Meßanordnung . . . . S. 15
3. Herstellung der Goldhydrosole . . . . S. 21
4. Gang der Messungen . . . . S. 23
5. Teilchengrößenbestimmung . . . . S. 27
6. Polardiagramme der Streuung . . . . S. 32
7. Absorptionsmessungen . . . . S. 36
8. Teilchengrößenbestimmung der Sole unter Benutzung eines
   Elektronenmikroskops . . . . S. 37
9. Prüfung des ZSIGMONDY'schen Keimgesetzes . . . . S. 40
10. Vergleich der MIE'schen Theorie mit dem Experiment . . . . . . S. 42
11. Zusammenfassung . . . . S. 46
12. Literaturverzeichnis . . . . S. 47
13. Bildanhang . . . . S. 49

Forschungsberichte des Wirtschafts- und Verkehrsministeriums Nordrhein-Westfalen

1. Theoretische Betrachtungen

Bei kolloider Verteilung von Materie in einem Dispersionsmittel (z.B. von Mastix oder feinverteiltem Gold in Wasser) hängen die physikalisch-chemischen Eigenschaften in entscheidender Weise von dem Dispersitätsgrad, d.h. der Feinheit der Verteilung ab. Häufig erreichen gewisse Eigenschaften bei einer ganz bestimmten Teilchengröße einen Maximalwert. So nimmt z.B. das optische Streuvermögen von wässerigen Metallsuspensionen nahezu im ganzen sichtbaren Bereich bei etwa 100 mμ Teilchengröße seinen größten Wert an. Es liegt daher nahe, solche "teilchengrößenempfindliche" Eigenschaften zur Bestimmung der sonst schwer faßbaren Teilchengröße zu benutzen. Dazu braucht man aber eine sichere und quantitativ auswertbare Relation zwischen Teilchengröße und anderen (z.B. optischen) Eigenschaften. Es ist das Ziel dieser Untersuchung, einen Beitrag zur Lösung dieser Aufgabe zu liefern.

Theoretisch ist die "Optik trüber Medien" (1) zuerst von RAYLEIGH (2) untersucht und dann vor allem von Gustav MIE (1) konsequent zu einer vollständigen Theorie ausgebaut worden. Die MIE'sche Theorie stellt seitdem die unbestrittene Diskussionsgrundlage für Streumessungen an suspendierten Teilchen dar. Ein wirklich überzeugender Vergleich zwischen Theorie und Experiment ist aber - obwohl dies häufig behauptet wurde - unseres Wissens bisher noch nicht erfolgt. Und zwar, weil man einfach nicht in der Lage war, wirklich quantitativ eine Übereinstimmung oder Nichtübereinstimmung zu konstatieren, da es bis vor kurzem keine sichere Methode zur Bestimmung der Teilchengröße im kolloidalen Bereich gab. Erst die elektronenmikroskopische Methode leistet dies, und zwar auf eine direkte und präzise Art und Weise.

Es erschien uns daher wichtig, einen sorgfältigen Vergleich zwischen der klassischen Streulichttheorie und dem Experiment mit modernen Mitteln durchzuführen. Außer aus prinzipiellen Erwägungen schien es uns auch aus praktischen Gesichtspunkten nicht überflüssig, die immer noch bestehende Unsicherheit zu beseitigen, da Streulichtmessungen in der Kolloidchemie, in der Virusforschung, in der Biologie usw. in wachsendem Maße an Bedeutung gewinnen: Man denke etwa an die Molkulargewichtsbestimmung von Makromolekülen, die man sonst nur unter großem technischem Aufwand z.B. mit der Ultrazentrifuge ausführen kann.

Da es sich zunächst nur um eine methodische Zielsetzung handelte, war es an und für sich gleichgültig, was für ein Sol zur Prüfung der Theorie herangezogen wurde. Wichtig war nur für die Versuchstechnik, daß das Sol genügend beständig war. Wir entschlossen uns daher, Goldsole zu benutzen, für die eine erprobte Herstellungstechnik (Zsigmondy'sche Keimmethode) bereitstand. Ein anderer Vorteil war der, daß die Teilchen - wie die elektronenmikroskopischen Aufnahmen später zeigten - gut kugelförmig waren, so daß die unmodifizierte MIE'sche Theorie auf sie angewendet werden konnte. Schließlich bedeutete auch eine Prüfung der MIE'schen Theorie an einem Goldsol eine besonders harte Probe, da Gold als Metall hinsichtlich seiner optischen Konstanten ein ausgesprochen selektives Verhalten zeigt. Damit werden die Aussagen der MIE'schen Theorie aber sehr viel reicher und weniger einfach als z.B. im Falle eines nichtabsorbierenden, dispergierten Materials. Die Feststellung einer guten Übereinstimmung zwischen Theorie und Experiment mußte also in diesem Falle noch ein besonderes Gewicht erhalten.

Auf Grund der MIE'schen Theorie ist bei Kenntnis der optischen Konstanten des dispergierten Materials (in unserm Falle: Gold) das optische Verhalten eines hinreichend monodispersen Sols, d.h. seine Extinktion und sein Streuvermögen, festgelegt, wenn man die mittlere Teilchengröße und die Konzentration (in g/l) des dispergierten Anteils kennt. Umgekehrt kann man aus den optischen Eigenschaften des Sols die Größe der Teilchen einwandfrei bestimmen. Bereits vor Aufstellung einer vollständigen Theorie durch MIE hatte, wie schon bemerkt wurde, Lord RAYLEIGH (2) die Lichtstreuung von sehr kleinen, nichtabsorbierenden (dielektrischen) Teilchen auf Grund der Maxwellschen Theorie abgeleitet. Die von ihm gemachte Voraussetzung, daß die Teilchengröße klein gegenüber der Wellenlänge des Lichtes sein muß, erleichtert sehr die theoretische Betrachtung, da man dann voraussetzen darf, daß die elektrische Feldstärke der über das Teilchen forteilenden Welle im Bereich des streuenden Teilchens nahezu die gleiche Größe hat. In diesem Falle ergibt sich eine Richtungsverteilung des gestreuten Lichtes, wie sie etwa in Abbildung 4 wiedergegeben ist. In diesem Polardiagramm[1]) ist das streuende Teilchen im Mittelpunkt des in

---

1. Alle Streukurven sind als Polardiagramm dargestellt. Das Azimut der Streuung erscheint als Polarwinkel. Die in eine bestimmte Richtung gestreute Intensität ist zahlenmäßig gleich der Länge des in diese Richtung weisenden Radiusvektors.

allen Abbildungen eingezeichneten Orientierungskreises (Radius = 1o in willkürlichen Diagrammeinheiten) zu denken. Die ausgezogene Kurve (Kreis) bezieht sich auf den Fall, daß das einfallende (linear polarisiert gedachte) Licht senkrecht zur Visionsebene schwingt (Ebene durch den Strahl und die Beobachtungsrichtung), die punktierte auf den Fall, daß es in der Visionsebene schwingt. Das Zustandekommen dieser Richtungsverteilung kann man sich auf die folgende Weise klarmachen: Durch das einfallende, linear polarisierte Licht wird das streuende Teilchen zu elektromagnetischen Schwingungen nach Art eines elektrischen Dipols angeregt (Hertz'scher Dipol). Die Richtcharakteristik, die dem Hertz'schen Dipol zukommt, muß sich also auch in der Richtungsverteilung des Streulichtes wiederfinden. Da es vernünftig ist, die Achse des Streudipols parallel zur Schwingungsrichtung des einfallenden Lichtes orientiert anzunehmen, so muß sich in dem einen Fall (einfallendes Licht schwingt senkrecht zur Visionsebene) als Polardiagramm ein Kreis ergeben, da ein Dipol in allen Richtungen einer Ebene, die senkrecht auf der Dipolachse steht, aus Symmetriegründen mit gleicher Intensität schwingen muß. Im andern Fall (einfallendes Licht schwingt in der Visionsebene) muß die Richtungsabhängigkeit des Streulichtes durch einen Ausdruck von der Form : const. $\cos^2 \varphi$ (φ: Winkel zwischen Lichteinfallsrichtung und Beobachtungsrichtung) gegeben sein, da in einer Ebene, die die Dipolachse enthält, die Strahlungsintensität mit $\cos^2 \varphi$ abnimmt. Strahlt man nicht mit linear polarisiertem, sondern mit natürlichem Licht ein, so ergibt sich die in einer bestimmten Richtung gestreute Lichtintensität durch Addition der Beträge, die man aus den Kurven für die beiden Polarisationsfälle gewinnen kann, d.h. die Intensität des Streulichtes ist in diesem Fall proportional zu: $1 + \cos^2 \varphi$.

Bei senkrechter Beobachtung (Beobachtungsrichtung senkrecht zum einfallenden Strahl) fällt der Beitrag des in der Visionsebene schwingenden Lichtes ganz aus ($\varphi = 90°$; $\cos \varphi = 0$) d.h. das gestreute Licht ist bei einfallendem, unpolarisiertem Licht vollständig linear polarisiert (Tyndalleffekt).

Die Richtungsabhängigkeit der Streuung kleiner Teilchen (Teilchendurchmesser d klein gegenüber der Lichtwellenlänge λ) ist durch völlige Symmetrie bezüglich einer Ebene senkrecht zum Strahl gekennzeichnet, d.h. die Streuung in einer beliebigen Richtung nach vorn erfolgt mit gleicher Intensität wie diejenige in die symmetrisch entsprechende nach hinten. Diese Art der Richtcharakteristik bleibt im Bereich der praktisch vorkommenden, optischen Konstanten unabhängig von dem speziellen Wert derselben bis zu beliebig kleinen Teilchengrößen erhalten. Sie gibt also nur über die obere Grenze der vorkommenden Teilchengrößen ($\sim 40\ m\mu$) Aufschluß, nicht aber über die optischen Materialkonstanten (nur in dem -- praktisch uninteressanten - Fall, daß die Leitfähigkeit des streuenden Materials unendlich groß wird, wird, wie MIE gezeigt hat, die Streuung auch bei kleinen Teilchen unsymmetrisch und zwar zugunsten einer starken Rückwärtsstreuung).

Wenn nun auch die Form der Richtcharakteristik für alle Arten von Teilchen (absorbierend oder nichtabsorbierend), wenn sie nur klein gegen die Wellenlänge des Lichtes sind, völlig die gleiche ist, so gilt diese Gleichheit doch nicht für die Absolutbeträge des gestreuten Lichtes.

Diese sind nach Maßgabe des Faktors $\left|\dfrac{m^2 - m_o^2}{m^2 + 2m_o^2}\right|$ verschieden

m_o : Brechungsindex des Suspensionsmittels
m : reller oder komplexer Brechungsindex der streuenden Teilchen.

Die Streuintensitäten zweier verschiedener Sole gleicher Konzentration und gleicher Teilchengröße in beliebiger Richtung und damit auch die Beträge des insgesamt gestreuten Lichtes verhalten sich also wie die Quotienten:

$$\left|\dfrac{m_1^2 - m_o^2}{m_1^2 + 2m_o^2}\right|^2 : \left|\dfrac{m_2^2 - m_o^2}{m_2^2 + 2m_o^2}\right|^2$$

So streut z.B. ein Goldsol im Rayleighgebiet ($d \ll \lambda$) rund 60 mal mehr als ein ausgesucht stark streuendes Sol durchsichtiger Teilchen gleicher Teilchengröße und Konzentration (Rutil $m \sim 2$, suspendiert in Wasser).

Solange die Teilchendurchmesser kleiner als $\lambda/10$ sind, kann man mit Sicherheit die beschriebene, nach vorn und hinten symmetrische Streuung (Abb. 4) erwarten (eine solche Streuung wird im folgenden als RAYLEIGH'sche Streuung bezeichnet werden, da sie zuerst von RAYLEIGH genauer untersucht wurde). Die später ausführlich beschriebenen Streumessungen, die mit dem Licht der grünen Quecksilberlinie ($\lambda = 546\ m\mu$) ausgeführt wurden, bestätigen, daß ein Sol mit Teilchendurchmesser von etwa $40\ m\mu$ und kleiner RAYLEIGH'sch streut (Abb. 4). Zwischen 60 und 120 $m\mu$ (Abb. 5-8) macht sich aber mit wachsendem Teilchendurchmesser in zunehmendem Maße eine Abweichung von der Symmetrie bemerkbar. Das Polardiagramm für die Vertikalkomponente V [2] (senkrecht auf der Visionsebene schwingend) ist immer noch nahezu ein Kreis, aber sein Mittelpunkt fällt nicht mehr mit dem Streuzentrum zusammen, sondern hat sich etwas in Richtung des einfallenden Lichtes verschoben. Das Polardiagramm für die Horizontalkomponente H ist noch deutlicher unsymmetrisch geworden. Der vordere, elliptische Teil (Vorwärtsstreuung) hat sich aufgebläht, der hintere ist zusammengeschrumpft. In dem Maße, wie der Durchmesser der Teilchen anwächst, werden die Polardiagramme komplizierter, damit aber auch charakteristischer für die Teilchengröße und den Wert der optischen Konstanten. In Abbildung 4 - 13 sind die Streudiagramme von Goldteilchen wachsenden Durchmessers (40, 60, 80 .... 220 mμ), nach der MIE'schen Theorie berechnet, für die Wellenlänge von 546 mμ (grüne Quecksilberlinie) wiedergegeben.

Die Theorie liefert primär nur das von einem einzigen Teilchen gestreute Licht. Zu einer Aussage über das von einer Gesamtheit von streuenden Teilchen emittierte Licht kommt man aber, wenn man das von einem Einzelteilchen beigetragene Streulicht mit der Zahl der im Streuvolumen enthaltenen Teilchen multipliziert. Die Berechtigung zu diesem Vorgehen nimmt man aus der unregelmäßigen Verteilung der Streuzentren und aus der Tatsache, daß der Abstand der Teilchen $\gg \lambda$ ist, derzufolge die Einzelteilchen als inkohärente Elementarstrahler angesehen werden können, deren Intensitäten sich einfach addieren. Die Form des Polardiagramms des ganzen Sols bleibt dabei unverändert die gleiche wie bei dem Einzelteilchen.

In der von G. MIE gegebenen Theorie der "Optik trüber Medien" wurde die Beugung des Lichtes an kugelförmigen Teilchen auf der Grundlage der Maxwellschen Theorie abgeleitet, und zwar ohne die RAYLEIGH'sche Beschränkung

---

2. Es ist grundsätzlich gleichgültig, ob man mit vertikal polarisiertem Licht einstrahlt und ohne Analysator beobachtet, oder ob mit natürlichem Licht beleuchtet wird und das Streulicht ein Polarisationsfilter passieren muß, das nur die vertikale Komponente hindurchtreten läßt. Das Gleiche gilt für die Horizontalkomponente. Bei den einleitenden, theoretischen Betrachtungen wurde immer mit der Vorstellung des einfallenden, polarisierten Lichtes gearbeitet, während bei den Experimenten - in sachlich völlig gleichwertiger Weise - unpolarisiert eingestrahlt und das Streulicht durch einen Analysator beobachtet wurde. Es ist wohl kein Mißverständnis zu befürchten, wenn in beiden Fällen von der Horizontal- und Vertikalkomponente des Streulichtes gesprochen wird.

auf kleine Teilchen. Die Zustimmung, die diese Theorie kurz nach ihrer Veröffentlichung fand, ist zum großen Teil aus der gediegenen Art der mathematischen Beweisführung zu erklären. Am stärksten trug wohl aber ihr Erfolg bei der Erklärung der farbigen Erscheinung von Goldsolen zu ihrer Anerkennung bei. Betrachtet man jedoch die physikalischen Voraussetzungen der Theorie, so erscheinen diese zwar sehr einleuchtend, besitzen aber vielleicht nicht den gleichen Grad der Sicherheit wie der mathematische Beweisgang. Insbesondere ist die Voraussetzung, daß die kolloidalen Teilchen die gleichen, optischen Konstanten besitzen wie das kompakte Material, durchaus einer gründlichen Nachprüfung wert. Leider reichten die bisherigen Methoden zu einer wirklich zuverlässigen Prüfung nicht aus, vor allem, weil man keine sicheren Teilchengrößenbestimmungen machen konnte. So war man zwar wegen der Geschlossenheit der Theorie geneigt, dieselbe als völlig gesichert anzusehen, obwohl man bei nüchterner Betrachtung der vorliegenden, experimentellen Daten noch nicht von einer quantitativen Bestätigung sprechen konnte.

Es soll an dieser Stelle nicht das gesamte, experimentelle Material kritisch mit der MIE'schen Theorie verglichen, sondern nur auf jene Punkte hingewiesen werden, die rein aus methodischen Gründen einen sicheren Vergleich der Theorie mit dem Experiment bislang ausschlossen.

1. Es genügt nicht, wie es in vielen älteren Arbeiten getan wurde, die Extinktion und die Streuung des Lichtes unter einem einzigen Winkel (z.B. $90°$) zu messen, sondern für einen korrekten Vergleich mit der Theorie ist die Aufnahme der vollständigen Streukurve für alle Streuwinkel notwendig. Diese ist aber bei schwach streuenden Solen erst mit modernen Hilfsmitteln (Verwendung von Sekundärelektronenvervielfachern mit nachgeschaltetem selektivem Verstärker) zu erhalten.

2. Das Sol muß hinsichtlich Konzentration und Teilchengröße vollkommen bekannt sein. Da man aber noch nicht in der Lage ist, absolut einheitliche Sole herzustellen, genügt nicht die Kenntnis eines mittleren Teilchendurchmessers, sondern es muß die gesamte Verteilungskurve der Teilchengrößen ermittelt werden. Während sich die Konzentration in g/l meist mit genügender Genauigkeit aus den Herstellungsdaten gewinnen läßt, war man bis vor etwa 15 Jahren hinsichtlich der Teilchengrößenbestimmung im wesentlichen allein auf die ultramikroskopische Methode angewiesen, die wegen der Schwierigkeit der Beobachtung keine allzu große Sicherheit

Forschungsberichte des Wirtschafts- und Verkehrsministeriums Nordrhein-Westfalen

gewährt. Einwandfreie Teilchengrößenbestimmungen lassen sich erst mit Hilfe des Elektronenmikroskops ausführen. Es erschien uns daher wichtig, die MIE'sche Theorie noch einmal und zwar unter Verwendung dieses neuen und methodisch einwandfreien Werkzeuges zu prüfen. Gleichzeitig wurden aber auch Teilchengrößenbestimmungen nach den alten Methoden ausgeführt, um einen Maßstab dafür zu gewinnen, welche Verbesserung durch Benutzung des Elektronenmiskroskopes erzielt werden konnte.

Zum besseren Verständnis des Späteren muß jetzt noch etwas näher auf die Aussagen der MIE'schen Theorie eingegangen werden.

MIE läßt eine ebene, elektromagnetische Welle auf ein kugelförmiges, absorbierendes Teilchen auffallen. Dieser Welle wird dann ein elektromagnetischer Ausbreitungsvorgang überlagert, der von dem Teilchen seinen Ausgang nimmt und an dessen Oberfläche der Bedingung genügt, daß die Tangentialkomponenten der elektrischen und magnetischen Feldstärke beim Durchgang durch die Grenzfläche stetig ineinander übergehen. Zur Darstellung der einfallenden, ebenen Welle eignen sich kartesische Koordinaten, während die natürlichen Koordinaten für die Beschreibung der von dem Teilchen ausgehenden Welle Kugelkoordinaten sind. Die mathematische Schwierigkeit besteht nun darin, den ebenen Vorgang an die mit Kugelsymmetrie behaftete Streuwelle anzupassen. Das gelingt nur dadurch, daß die einfallende Welle als eine unendliche Reihe von Kugelfunktionen dargestellt und ihr damit künstlich Kugelcharakter aufgeprägt wird. Demzufolge stellt auch die Streuwelle eine unendliche Reihe von Kugelfunktionen dar, die man physikalisch als Strahlung von elektrischen und magnetischen Dipolen und Multipolen deuten kann. Glücklicherweise braucht man bei kleinen streuenden Teilchen nur die Anfangsglieder dieser unendlichen Reihe zu berücksichtigen, und zwar im Rayleighgebiet ($d \ll \lambda$) nur das erste Glied der Reihe, das die Strahlung eines elektrischen Dipols darstellt. In diesem Fall sind die MIE'schen Formeln identisch mit den von RAYLEIGH angegebenen. Nimmt die Teilchengröße zu, dann müssen zuerst die beiden nächsten Glieder, die sich physikalisch als magnetischer Dipol und als elektrischer Quadrupol interpretieren lassen, hinzugenommen werden. Bis zu diesen ersten drei Gliedern läßt sich die numerische Auswertung noch relativ leicht vollziehen, aber schon bei Hinzunahme der beiden nächsten Glieder wachsen die zahlenmäßigen Schwierigkeiten enorm an. MIE selbst hat deshalb in seiner Arbeit das Zahlenbeispiel an Gold nur bis zu einer

Teilchengröße von 180 mµ ausgerechnet. Im allgemeinen reicht auch die Kenntnis dieser Zahlenwerte bei der Untersuchung von Goldsolen aus, da man nur schwer gleichmäßige Sole mit einem größeren, mittleren Teilchendurchmesser herstellen kann.

Die Beiträge der einzelnen Glieder der unendlichen Reihe, die die Streuintensität darstellt, nehmen mit höherer Ordnungszahl ab. Der elektrische Quadrupol z.B. (2. elektrische Partialwelle) strahlt bereits sehr viel schwächer als der elektrische Dipol (1. elektrische Partialwelle). Auch sind die Strahlungsintensitäten der elektrischen und magnetischen Elementarstrahler nicht von gleicher Größenordnung, sondern bei Metallen, also auch bei unserm Probematerial Gold, ist im allgemeinen die n. magnetische Partialwelle etwa ebenso kräftig wie die (n + 1). elektrische. Also ist z.B. die 1. magnetische Welle etwa ebenso stark wie die 2. elektrische. Dies ist aber kein allgemeines Gesetz, sondern je nach der Größe des komplexen Brechungsquotienten des dispergierten Materials können die Verhältnisse auch andere sein. Bei sehr großer Leitfähigkeit z.B. - ein Fall, der allerdings kein sehr großes praktisches Interesse hat - sind die Intensitäten der elektrischen und magnetischen Partialwelle gleicher Ordnungszahl auch von gleicher Größenordnung. Das hat die bereits früher (s. S. 8) erwähnte Unsymmetrie des Streudiagramms im Rayleighgebiet (starke Rückwärtsstreuung) zur Folge.

Für die Streulichtintensitäten als Funktion des Streuwinkels und nach Komponenten senkrecht und parallel zur Visionsebene zerlegt, ergeben sich nach MIE die folgenden Beziehungen:

$$(1) \qquad i_1 = \frac{\lambda'^2 \cdot \alpha^6}{8 \pi^2 \cdot r^2} \left| \alpha_1 - (\alpha_2 - \beta_1) \cos\varphi' \right|^2$$

$$(2) \qquad i_2 = \frac{\lambda'^2 \cdot \alpha^6}{8 \pi^2 \cdot r^2} \left| \alpha_1 \cos\varphi' - \alpha_2 \cos 2\varphi' + \beta_1 \right|^2$$

i_1 bzw. i_2 bedeutet dabei das Verhältnis der vertikalen (V) bzw. horizontalen (H) Komponente der im Abstand r vom Streuvolumen herrschenden Streulichtintensität (Lichtstromdichte = Lichtstrom/cm^2) zu der Intensität des auf das Streuvolumen einfallenden, unpolarisierten Lichtes. Zugrundegelegt ist ein einzelnes, streuendes Teilchen. Man muß also, um das von einem endlichen Streuvolumen ausgesandte Streulicht zu erhalten, mit der Zahl

Forschungsberichte des Wirtschafts- und Verkehrsministeriums Nordrhein-Westfalen

der Streuzentren in diesem Volumen multiplizieren. Es bedeuten ferner: λ' die Wellenlänge des Lichtes im Dispersionsmittel, r den Abstand des Meßorgans vom Streuvolumen und φ' den Winkel zwischen der Visionsrichtung und der negativen Einfallrichtung des Lichtes[3]. α ist die Abkürzung für $\frac{2\pi\varrho}{\lambda'}$ (2ϱ = d : Durchmesser des streuenden Teilchens). $\mathfrak{v}_1$, $\mathfrak{v}_2$ und $\mathfrak{p}_1$ sind die Koeffizienten, die die Streubeiträge der einzelnen Dipole oder Multipole charakterisieren. Und zwar kennzeichnet $\mathfrak{v}_1$ den Streuanteil eines elektrischen Dipols (1. elektrische Partialwelle), $\mathfrak{p}_1$ denjenigen eines magnetischen Dipols (1. magnetische Partialwelle) und $\mathfrak{v}_2$ den Anteil eines elektrischen Quadrupols (2. elektrische Partialwelle). Diese Größen $\mathfrak{v}_1$, $\mathfrak{v}_2$ und $\mathfrak{p}_1$ sind Abkürzungen für:

$$(5) \quad \mathfrak{v}_1 = u_1 \frac{m'^2 - v_1}{m'^2 + 2w_1} \,;\quad \mathfrak{v}_2 = \frac{\alpha^2}{12} \cdot u_2 \frac{m'^2 - v_2}{m'^2 + 1{,}5\, w_2} \,;\quad \mathfrak{p}_1 = u_1 \frac{v_1 - 1}{1 + 2w_1}$$

$m' = m/m_o$ ist der Quotient des (komplexen) Brechungsquotienten m des dispergierten Materials und desjenigen des Suspensionsmittels m_o (meist Wasser). Die Größen: u_1, v_1 ... wiederum sind Abkürzungen für Potenzreihen in α^2, die für nicht zu große Teilchendurchmesser rasch konvergieren und als erstes Glied eine 1 haben. Sie können also im Bereich sehr kleiner Teilchen (Rayleighbereich) gleich 1 gesetzt werden. Bis zu einer Teilchengröße von etwa 180 mμ genügt es, sich auf die 3 Koeffizienten $\mathfrak{v}_1$, $\mathfrak{v}_2$ und $\mathfrak{p}_1$ zu beschränken. Für größere Teilchen müssen auch noch weitere Glieder der Reihe berücksichtigt werden. Leider wird dann die Rechnung rasch sehr umständlich und mühevoll.

Für den im folgenden zu schildernden Vergleich mit der MIE'schen Theorie wurden die von MIE bis zu einer Teilchengröße von 180 mμ berechneten Streuwerte bis auf die Teilchengröße 220 mμ ergänzt.

---

3. Die Formeln (1) und (2) sind in der Bezeichnungsweise von MIE (Ann. d.Phys. 25, 428, 1908) angegeben. Insbesondere wird an dieser Stelle der Winkel φ', wie bei MIE, zwischen Streurichtung und <u>negativer</u> Einfallrichtung gezählt. $\varphi' = 0$ bedeutet also Rückwärtsstreuung. Bei der Diskussion unserer Messungen (s. S. 42 ff.) wird, da dies natürlicher erscheint, der Winkel zwischen Streulicht und <u>positiver</u> Einfallrichtung gezählt. Es wird zum Unterschied von dem MIE'schen Winkel ungestrichen geschrieben: φ

Bisher wurde nur von dem Streuverhalten gesprochen. Zur optisch vollständigen Kennzeichnung eines Sols gehört aber außerdem noch die Angabe der Absorptionseigenschaften. Hierbei ist zu unterscheiden zwischen <u>konservativer</u> und <u>konsumptiver</u> Absorption. Erstere bezeichnet den Lichtverlust durch Streuung, letztere denjenigen durch echte Absorption in den Metallteilchen, wobei die auffallende Lichtenergie in Wärme umgesetzt wird. Bei kleinen, absorbierenden Teilchen (d zwischen 0 und etwa 100 mμ) bestimmt die konsumptive Absorption die Farbe und absolute Lichtdurchlässigkeit der Sole. Oberhalb von 100 mμ kommt die Lichtstreuung etwa in die Größenordnung der echten (konsumptiven) Absorption und ist von dieser Teilchengröße ab mitbestimmend für die Farbe des Sols.

Nach der MIE'schen Theorie kann man den <u>totalen</u> Absorptionskoeffizienten K (Lichtverlust in Promille auf dem Weg von 1 mm durch ein Sol, in dem 1 mm^3 Gold in 1 Liter Wasser enthalten ist) im Bereich von 0 bis etwa 180 mμ durch die drei bereits bekannten Koeffizienten $\mathfrak{a}_1$, $\mathfrak{a}_2$ und $\mathfrak{p}_1$ für die erste und zweite elektrische und die erste magnetische Welle in der folgenden Weise ausdrücken:

$$(6) \qquad K = \frac{6\pi}{\lambda'} \mathfrak{Im} \left(-\mathfrak{a}_1 - \mathfrak{a}_2 + \mathfrak{p}_1 \right)$$

$\mathfrak{Im}$: bedeutet dabei den Imaginärteil des dahinterstehenden komplexen Ausdrucks: $(-\mathfrak{a}_1 - \mathfrak{a}_2 + \mathfrak{p}_1)$.

Der entsprechende Absorptionskoeffizient für den Lichtverlust durch reine Streuung läßt sich in der folgenden Weise aufschreiben:

$$(7) \qquad K' = \frac{4\pi}{\lambda'} \cdot \alpha^3 \left(|\mathfrak{a}_1|^2 + |\mathfrak{p}_1|^2 + \frac{3}{5} |\mathfrak{a}_2|^2 \right)$$

Die Differenz: K - K' gibt dann den für die <u>konsumptive</u> Absorption verantwortlichen Koeffizienten. In Abbildung 14 sind die berechneten (totalen) Absorptionskoeffizienten als Funktion der Wellenlänge für die Teilchengrößen von 10 - 180 mμ dargestellt.

Es wird sich im folgenden darum handeln, die theoretischen Aussagen hinsichtlich Streuung und Absorption mit dem Experiment zu vergleichen.
Dazu muß zuerst einmal die Meßanordnung und die Meßmethodik erläutert werden.

Forschungsberichte des Wirtschafts- und Verkehrsministeriums Nordrhein-Westfalen

2. Die Meßanordnung

Die Meßapparatur wurde in ihrem Entwurf an eine von B.H. ZIMM (3) benutzte Anordnung angelehnt, die sich in mehrfacher Hinsicht ausgezeichnet hat. Sie arbeitet nach folgendem Prinzip (Abb. 1):

Eine Lichtquelle hoher Leuchtdichte L wird mit kleiner Apertur in ein kleines Glaskölbchen G, das die zu untersuchende, streuende Substanz (Goldsol) enthält, abgebildet. Das von dem Streuvolumen emittierte Streulicht wird in einer bestimmten, aber veränderlich einstellbaren Richtung von einem Sekundärelektronenvervielfacher S E V aufgefangen und erzeugt in diesem einen zu dem einfallenden Lichtstrom proportionalen Photostrom. Gleichzeitig wird ein Teil des primär auf das Streuvolumen einfallenden Lichtes abgezweigt und auf ein 2. Meßorgan (Photozelle P h Z in Abb. 1) gelenkt. Die Photoströme von Sekundärelektronenvervielfacher (im folgenden kurz Vervielfacher genannt) und Photozelle werden nun in einer geeigneten Kompensationsschaltung, die noch näher erläutert werden wird, in entgegengesetzter Richtung durch einen Widerstand geschickt, der so eingestellt werden kann, daß die an seinen Enden auftretende Spannung den Wert Null annimmt. Aus der Einstellung des Widerstandes bei vollzogenem Abgleich gewinnt man unmittelbar das Verhältnis der Intensität des Streulichtes zu derjenigen des auf das Streuvolumen einfallenden Lichtes.

Der Aufbau der optischen Abbildung im einzelnen ist der folgende: Der Lichtbogen einer Quecksilberdampflampe L (Abb. 1) wird mit dem Kondensor K auf die Blende B_1 abgebildet, die damit als sekundäre Lichtquelle konstanter Größe und (nahezu) gleichmäßiger Leuchtdichte wirkt. Ein gutes Objektiv O_1 entwirft von dieser Blende B_1 ein Bild in das Streugefäß G, das mit einem Goldsol angefüllt ist. Dieses Streugefäß (das zu einem schwach konischen Kölbchen aufgeblasene Ende eines Glasrohres) befindet sich in einem Erlenmeyerkolben, der mit sorgfältigst gereinigtem Wasser gefüllt ist. Auf diese Weise können störende Lichtreflexe an der Wandung des Kölbchens vermieden werden. Das an der Wandung des Erlenmeyerkolbens reflektierte Licht kann keine Veranlassung zu Störungen geben, da es wegen der Schräge der Wände aus dem Strahlengang geworfen wird. Das Prisma P dient zur Kompensation der Lichtbrechung an der Vorderwand des Erlenmeyerkolbens und bewirkt, daß das Licht im Innern horizontal verläuft. Das austretende Streulicht hat dann allerdings wieder eine leichte Neigung

Forschungsberichte des Wirtschafts- und Verkehrsministeriums Nordrhein-Westfalen
___

nach unten, die die gleiche Neigung der optischen Bank, auf der der Vervielfacher aufgebaut ist, erforderlich macht. Diese optische Bank ist um eine vertikale Achse, die durch das Streugefäß G geht, drehbar, so daß das Streulicht nahezu in allen Winkeln gegen die Einfallsrichtung des Lichtes gemessen werden kann. Das Streuvolumen G wird durch die Linse O_2 in die Ebene der Blende B_3 und die unmittelbar vor O_2 befindliche Blende B_2 durch O_3 auf die Photokathode abgebildet. Durch diesen "verflochtenen" Strahlengang wird erreicht, daß die Photokathode, unabhängig von der Stellung des Schwenkarms, stets an der gleichen Stelle und völlig gleichmäßig ausgeleuchtet ist, eine Maßnahme, die wegen der lokalen Empfindlichkeitsabhängigkeit der Photokathode durchaus geboten ist. Die Blende B_3 muß außerdem so groß und so justiert sein, daß das Bild des Streuvolumens nicht durch ihre Ränder beschnitten wird. Vor der Linse O_2 befindet sich ein Polarisationsfilter A, dessen Durchlaßrichtung vertikal oder horizontal gedreht werden kann. Es muß hier noch einmal darauf hingewiesen werden, daß die Messung der Horizontal- und Vertikalkomponente praktisch in etwas anderer Weise erfolgt, als sie im theoretischen Teil (s.S. 5 ff.) dargestellt wurde. Dort wurde die Voraussetzung gemacht, daß mit horizontal oder vertikal polarisiertem Licht eingestrahlt und ohne Analysator beobachtet wird. Tatsächlich wird aber mit natürlichem Licht eingestrahlt und durch den Analysator die vertikal oder horizontal linear polarisierte Komponente des Streulichts ausgesondert. Beide Meßmethoden sind in ihrem Ergebnis identisch, so daß sie ohne weiteres miteinander vertauscht werden können. Ein Teil des einfallenden Lichtes wird durch einen Spiegel Sp auf die Photozelle P h Z abgezweigt und erzeugt in dieser einen zum auffallenden Lichtstrom proportionalen Photostrom. Der elektrische Vergleich der von den beiden Meßorganen (Photozelle und Vervielfacher) gelieferten Photoströme geschieht auf die folgende Weise: Der Photostrom i_1 (Elektronenstrom, Ausgangsstrom des Vervielfachers) fließt von der Anode des S E V (Abb. 2) über den Widerstand R_3 durch die Hintereinanderschaltung von R_1 und R zum Netzanschlußgerät N G 2 und von dort zur Kathode des Vervielfachers zurück. Der Photostrom i_2 (Elektronenstrom) nimmt seinen Weg von N G 1 über R, den Widerstand R_2 und von da zur Kathode der Photozelle. Die beiden Photoströme durchfließen also nur den veränderlichen Widerstand R gemeinsam, während R_1 nur von i_1 durchflossen wird. Die Differenz der beiden (entgegengesetzt fließenden) Ströme $i_2 - i_1$ erzeugt an R im Fall des Abgleichs eine Spannung von gleicher Größe, aber entgegengesetzter Richtung, wie sie i_1 allein am Widerstand R_1 erzeugt. Damit wird aber die Gesamtspannung an $R + R_1$ gleich Null, was mit dem Anzeigegerät A G (Verstärker + nachgeschalteter Abstimmanzeigeröhre) kontrolliert werden kann. In diesem Fall gibt das Widerstandsverhältnis $\frac{R}{R+R_1}$ das Verhältnis des Ausgangsstromes des Vervielfachers i_1 zum Photostrom i_2 der Vergleichsphotozelle an: $\frac{R}{R+R_1}=\frac{i_1}{i_2}$ Damit ist aber, wenn man den Verstärkungsfaktor des Vervielfachers als bekannt voraussetzt, gleichzeitig auch das Verhältnis der zu diesen proportionalen, auf die Meßorgane fallenden Lichtströme gegeben. Berücksichtigt man schließlich noch die geometrisch-optischen Verhältnisse (Lichtstrom, der auf die Photozelle fällt, optisch wirksames Streulicht und Apertur des Lichtbündels, das von dem Vervielfacher aufgenommen wird), dann erhält man einen direkt mit der Theorie vergleichbaren Wert für das Streuvermögen der Volumeneinheit der streuenden Flüssigkeit, bezogen auf die einfallende Lichtintensität. Obwohl dieser Weg durchaus gangbar wäre, wird er im folgenden nicht beschritten werden, da die Bestimmung des Verstärkungsfaktors des Vervielfachers und die Auswertung der geometrischoptischen Verhältnisse nicht gerade bequem ist und sich eine sehr viel einfachere Möglichkeit (s. S. 43) bietet, um das absolute Streuvermögen zu erhalten. Zunächst handelt es sich aber auch nur darum, die Winkelabhängigkeit des Streuvermögens festzustellen. Es sind also nur Relativmessungen des Streulichts als Funktion des Streuwinkels auszuführen. Dabei braucht nicht einmal vorausgesetzt zu werden, daß das einfallende Licht in seiner Intensität zeitlich konstant ist, da beide Photoströme alle Intensitätsschwankungen in völlig gleicher Weise mitmachen, so daß ihr Quotient unabhängig von allen Helligkeitsschwankungen der Lichtquelle konstant bleibt.

Obwohl die Messung in der beschriebenen Anordnung natürlich mit Gleichlicht hätte ausgeführt werden können, wurde wegen der bekannten Vorzüge der Wechsellichtmethode die Intensität der Lichtquelle L mit 1oo Hz moduliert. Und zwar war hierzu keine besondere, intermittierende Einrichtung (z.B. eine rotierende Lochscheibe) notwendig, da die natürliche, durch den Wechselstrombetrieb hervorgerufene Intensitätsmodulation (doppelte Netzfrequenz) der Quecksilberdampflampe für den vorliegenden Meßzweck voll ausreichte. Im einzelnen sei noch einmal kurz hervorgehoben, welche Vorteile sich durch die Verwendung von Wechsellicht in unserm Fall ergaben:

a) Unabhängigkeit von Störgleichlicht
b) Bequeme Möglichkeit der Verstärkung der Photoströme
c) Steigerung der Absolutempfindlichkeit der Empfangsanordnung (günstigeres Verhältnis von Nutz- zu Störpegel) infolge selektiver Verstärkung (s. S. 19)

Zur Beurteilung dieses letzten Punktes, nämlich der Absolutempfindlichkeit der Meßanordnung müssen einige grundsätzliche Überlegungen gemacht werden. Wie bei allen Meßaufgaben ist für die Leistungsfähigkeit einer Anordnung das Verhältnis von Nutz- zu Rauschpegel entscheidend. Im vorliegenden Fall brauchen dabei aber nur die Verhältnisse bei dem Vervielfacher, nicht die bei der Vergleichsphotozelle diskutiert zu werden, da auf diese ein so großer Lichtstrom einfällt, daß das Verhältnis von Nutz- zu Störstrom stets genügend groß ist. Der Störpegel im Vervielfacher wird aber durch die statistische Verteilung des Elektronenaustritts aus der Photokathode (Schroteffekt) bei Belichtung und durch den veränderlichen Anteil des Dunkelstromes (statistisch verteilter Elektronenaustritt aus der Photokathode, der auch ohne Belichtung allein infolge der thermischen Eigenbewegung der Elektronen zustandekommt) bestimmt. Der Nutzpegel ist durch die Größe des Photostromes gegeben, der durch das Meßlicht ausgelöst wird. Die durch den Schroteffekt erzeugte Stromschwankung wird nach SCHOTTKY durch den folgenden Ausdruck wiedergegeben:

$$(8) \qquad \overline{\left(i_{Sch}^{P}\right)^2} = 2 e \, \mathcal{J}_p \cdot \Delta f$$

Hierbei bedeutet $\mathcal{J}_p$ den Photostrom, i_{Sch}^{P} dessen Schwankung, e das elektrische Elementarquantum und Δf das benutzte Frequenzintervall. Daß in in diesem Zusammenhang Δf auftritt, hat folgenden Grund: Die Stromschwankung i_{Sch}^{P} läßt sich formal nach FOURIER in ihre periodischen Anteile nach den verschiedenen Frequenzen zerlegen. Wegen des rein statistischen Charakters der Stromschwankung sind gleich große Frequenzintervalle Δf, unabhängig von der Größe der Frequenz f, mit gleicher Energie am Zustandekommen der gesamten Stromschwankung beteiligt. (Eine - in unserm Zusammenhang unwesentliche - Einschränkung gilt nur im Falle sehr hoher Frequenzen, wenn nämlich T = 1/f vergleichbar mit der Laufzeit der Elektronen im Vervielfacher wird.)

Es ist daher einleuchtend, daß man das Verhältnis von Nutz- zu Störpegel größer machen, d.h. günstiger gestalten kann, wenn man die Empfangsapparatur selektiv ausbildet, derart, daß nur ein kleines Frequenzintervall Δf in der Umgebung der Modulationsfrequenz des Photostromes aufgenommen wird. Dann wird der Anteil des Nutzstromes gar nicht, derjenige des Rauschstromes aber umsomehr geschwächt, je kleiner das auf die Breite des gesamten Störspektrums bezogene Nutzintervall ist.

Als 2. Störquelle tritt der Schwankungsanteil des Dunkelstromes in Erscheinung, für den eine entsprechende Beziehung wie für den Schrotstrom gilt:

$$(9) \qquad \overline{\left(i_{Sch}^{D}\right)^2} = 2e\,\mathfrak{J}_D \cdot \Delta f$$

$\mathfrak{J}_D$: Mittelwert des Dunkelstromes.

Die von beiden Störungen herrührenden Anteile überlagern sich additiv in ihren quadratischen Mittelwerten, da sie inkohärent zueinander sind. Für die gesamte Stromschwankung i_{Sch} ergibt sich also:

$$(10) \qquad \overline{i_{Sch}^2} = \overline{\left(i_{Sch}^{P}\right)^2} + \overline{\left(i_{Sch}^{D}\right)^2}$$

bzw. wenn man sie auf den Photostrom $\mathfrak{J}_p$ bezieht:

$$(11) \qquad \frac{\overline{i_{Sch}^2}}{\mathfrak{J}_p^2} = \frac{\overline{\left(i_{Sch}^{P}\right)^2}}{\mathfrak{J}_p^2} + \frac{\overline{\left(i_{Sch}^{D}\right)^2}}{\mathfrak{J}_D^2} \cdot \frac{\mathfrak{J}_D^2}{\mathfrak{J}_p^2} = \frac{2e\,\Delta f}{\mathfrak{J}_p}\left(1 + \frac{\mathfrak{J}_D}{\mathfrak{J}_p}\right)$$

Dieser Ausdruck ist aber sicherlich kleiner als $\frac{4e\,\Delta f}{\mathfrak{J}_p}$, da $\mathfrak{J}_D$ stets kleiner als $\mathfrak{J}_p$ ist. Fügt man schließlich einen Faktor $a = 1,5$ hinzu, der der praktisch ermittelten Schwankung im Verstärkungsgrad des Vervielfachers, hervorgerufen durch die Statistik der Auslösung der Sekundärelektronen an den verschiedenen Prallelektroden, Rechnung trägt, so ergibt sich:

$$(12) \qquad \frac{\overline{i_{Sch}^2}}{\mathfrak{J}_p^2} = \frac{4e\,\Delta f}{\mathfrak{J}_p} \cdot a$$

Diese Formel (12) gestattet abzuschätzen, mit welcher Genauigkeit sich ein bestimmter Photostrom messen läßt: In den im folgenden zu beschreibenden Messungen lagen die durch das Streulicht (Meßlicht) erzeugten Photoströme zwischen etwa 2×10^{-11} und 2×10^{-13} A entsprechend Lichtströmen von 10^{-8} bis 10^{-6} Lumen (diese Werte entsprechen etwa der Beleuchtung, die eine Lichtquelle von 25 NK auf der zu 0,25 cm^2 angenommenen Fläche der Photokathode im Abstand von 25 bzw. 250 m hervorgerufen würde. Hierbei wird eine Stromergiebigkeit der Photokathode von etwa 20 μ A/Lumen zugrunde gelegt). Die Breite des verwendeten Frequenzintervalls (bestimmt durch die Selektivität des Verstärkers) betrug etwa 20 Hz. Setzt man diese Werte in Gleichung (12) ein, so ergibt sich im Falle des kleinsten verwendeten Photostromes ($\mathfrak{J}_p = 2 \times 10^{-13}$ A) für $\overline{i_{Sch}^2}/\mathfrak{J}_p^2$ ein Wert von $\sim 10^{-4}$. Die Wurzel daraus $\sqrt{\overline{i_{Sch}^2}/\mathfrak{J}_p^2} = 1 \% = 10^{-2}$ stellt dann die relative Genauigkeit dar, mit der dieser Photostrom gemessen werden konnte. Für größere Photoströme wird die Genauigkeit natürlich entsprechend größer.

Diese Abschätzung ist aber nur dann richtig, wenn die genannten beiden Störquellen die einzigen sind und bleiben bzw. wenn Stromschwankungen, die durch andere Umstände hervorgerufen werden, gegenüber den beiden erstgenannten vernachlässigt werden können. Das ist aber nicht immer der Fall. Zunächst einmal war die Störung durch elektrische Fremdfelder (z.B. durch im Haus arbeitende, elektrische Sender) nicht restlos von Empfänger und Verstärker abzuschirmen. Als weitere Störquelle kam eine gewisse, niederfrequente Schwankung (~ 2 Hz) der Lichtintentität hinzu, die trotz der optischen Kompensation nicht völlig ausgeschaltet werden konnte. Der Bogen der Hg-Entladung sprang nämlich an einer Elektrode ein wenig hin und her. Dadurch trat eine geringfügige Änderung in der Geometrie des Strahlenganges auf, die sich in dessen peripheren Teil, der für die Beleuchtung der Vergleichsphotozelle benutzt wurde, stärker auswirkte als im Innern des Strahlenbündels, das zur Beleuchtung des Streuvolumens diente. Die genannten Umstände bewirkten, daß die "theoretische" relative Meßgenauigkeit von 1 % zwar meistens, aber nicht immer erreicht wurde. Selbst bei geringsten Streulichtintensitäten konnte aber mindestens bis auf 3 % genau gemessen werden.

Die Beschränkung des Rauschspektrums auf das Frequenzintervall f = 90 - 110 Hz wurde durch die Selektivität des Verstärkers, der dem Vervielfacher nachgeschaltet war, erreicht. Zu diesem Zweck wurde die Ausgangsspannung des Vervielfachers zunächst in der in Abbildung 3 wiedergegebenen Schaltung zweistufig verstärkt und hiernach an den Punkten A und C auf die Eingangsklemmen eines elektrischen Filters gegeben, das zwischen Eingangs- und Ausgangsspannung eine starke Frequenzabhängigkeit der Phasendrehung zeigt. Für die Modulationsfrequenz des Lichtes (100 Hz) und deren nahe

Umgebung trat dann an den Ausgangsklemmen B und C des Filters eine Phasendrehung von 180° auf, die auf das Steuergitter der 2. Verstärkerröhre zurückgegeben wurde und hier eine starke Rückkopplung bewirkte. Infolgedessen wurde ein enges Frequenzintervall um die Modulationsfrequenz extrem verstärkt, während alle anderen Frequenzen wegen ungenügender Phasendrehung weitgehend unterdrückt wurden. Auf diese Weise trat die gewünschte, selektive Verstärkung ein. Den besten Effekt erzielte man, wenn man mit der Rückkopplung bis nahe an die Grenze der Selbsterregung ging.

3. Herstellung der Goldhydrosole

Am einfachsten wäre ein Vergleich zwischen der MIE'schen Theorie und dem Experiment durchzuführen, wenn man Sole völlig einheitlicher und bekannter Teilchengröße zur Verfügung hätte. Leider ist es aber mit keiner der bekannten Methoden möglich, wirklich monodisperse Sole herzustellen. Man muß sich daher begnügen, mit Solen von relativ kleiner Polydispersität zu arbeiten. Das macht aber dann sofort die genaue Kenntnis der Teilchengrößenverteilung erforderlich, wenn man zu einem quantitativen Vergleich mit den theoretischen Aussagen kommen will.

Hinsichtlich des Grades der Polydispersität unterscheiden sich die verschiedenen Herstellungsmethoden stark. Am besten in dieser Hinsicht schien uns die von ZSIGMONDY beschriebene "Keimmethode" zu sein (z.B. viel besser als etwa die Zerstäubung von Gold im Lichtbogen unter Wasser). Es wurden daher nur mit der "Keimmethode" hergestellte Sole untersucht.

Solange kein Elektronenmikroskop zur Verfügung stand, konnte auf die Teilchengrößen und ihre Verteilung nur indirekt geschlossen werden. Das wird im folgenden ausführlich dargestellt werden.

Im 2. Teil der Untersuchungen aber wurde von jedem in optischer Hinsicht vermessenen Sol auch der Absolutbetrag der Teilchengröße und die Teilchengrößenverteilung elektronenmikroskopisch ermittelt, so daß dann ein genauer Vergleich zwischen Experiment und Theorie möglich war.

Nun zur Beschreibung der ZSIGMONDY'schen Keimmethode:

Man stellt zunächst eine bestimmte Menge eines außerordentlich fein verteilten Soles (Keimsol, Lösung C) auf die folgende Art her: Man reduziert eine Goldlösung bestimmter Konzentration (1 g $H-Au-Cl_4 \cdot 4\ H_2O$ auf 166 cm^3 H_2O), der etwas verdünnte Natriumkarbonatlösung beigemischt ist, durch

Eintropfenlassen von verdünnter, ätherischer Phosphorlösung. Dabei entstehen feine Goldpartikelchen von nur 4 - 8 mμ Durchmesser, die bei der Herstellung von gröberen Goldsolen als Kristallisationskeime benutzt werden. Nach Abdampfen des Äthers unter leichtem Sieden wird das Keimsol in den folgenden Verdünnungen bereitgestellt:

a) 1 : 1   b) 1 : 10^{-1} c) 1 : 10^{-2} d) 1 : 10^{-3} e) 1 : 10^{-4} f) 1 : 10^{-5}

Nun wird eine ausreichende Menge einer mit Natriumkarbonatlösung vermischten Goldchloridlösung (Lösung A) bereitet, die als Ausgangslösung für die Bereitung der Sole dient. Zur Reduktion wird - im Gegensatz zu dem Verfahren bei der Herstellung des Keimsoles - eine wässerige Lösung von Hydroxylaminchlorhydrat verwendet (Lösung B). Bevor man aber das Reduktionsmittel hinzugibt, wird, je nach der gewünschten Teilchengröße, der Lösung A eine bestimmte Menge Keimsol in einer der oben angegebenen Verdünnungen hinzugefügt. Der Grad der Verdünnung des Keimsols ist dann maßgebend für die Zahl der injizierten Keime und damit für die endgültige Teilchengröße. Nimmt man insbesondere an, daß bei dem Reduktionsprozeß sich alles in Lösung befindliche Gold und zwar gleichmäßig an den Kristallisationskeimen niederschlägt, dann müßten gleiche Mengen von Keimsol in den oben angegebenen, abgestuften Verdünnungen hinzugefügt, "theoretische" Sole ergeben, deren Teilchenzahlen sich wie die Verdünnungen, deren Teilchendurchmesser sich aber umgekehrt wie die 3. Wurzeln aus diesen Verhältniszahlen, nämlich wie 1: 2,16 : 4,65 ... verhalten würden. Wenn man gewisse Vorsichtsmaßregeln beachtet, ist diese Gesetzmäßigkeit ("Keimgesetz" von ZSIGMONDY) auch recht gut erfüllt (s.S. 40 ff.). Je geringer allerdings die Zahl der hinzugefügten Goldkeime ist, umso weniger genau stimmt die geschilderte Beziehung. Dies liegt daran, daß in jeder noch so sorgfältig gereinigten Ausgangslösung stets eine gewisse, von Fall zu Fall schwankende Zahl von Fremdteilchen ("wilde" Keime) enthalten ist, die in unkontrollierbarer Weise die Zahl der "absichtlichen" Keime erhöht. Es ist klar, daß die Genauigkeit der Keimmethode umso geringer sein wird, je kleiner die Zahl der "absichtlichen" Keime ist, je mehr also die Zahl der "wilden" Keime ihnen gegenüber eine Rolle spielt. Wie genau das "Keimgesetz" tatsächlich erfüllt ist, wird auf Seite 40 ff. näher erörtert werden.

Bei der Herstellung der im folgenden untersuchten Sole wurden mit Absicht die Größenunterschiede der Teilchendurchmesser kleiner als einem Verhältnis

1 : 2,16 entsprechend gewählt. Das Durchmesserverhältnis schwankte zwischen 1,25 und 2,0.

Zur Nomenklatur sei noch folgendes gesagt: Die Sole mit den arabischen Ziffern 1 bis 6 wurden aus Keimen des Keimsols hergestellt. Größere Kennzahl bedeutet größeren Teilchendurchmesser. Sole gleicher Kennzahl, die durch a und b unterschieden sind, wurden ca. 30 Minuten nacheinander unter sonst gleichen Bedingungen hergestellt. Für die Herstellung der Sole mit römischen Ziffern (I, II, III) wurden als Keime Teilchen des Soles 2 ($d \sim 60$ mμ) verwendet. Das mit A bezeichnete Sol, das besonders große Teilchen liefern sollte, wurde mit "Keimen" aus dem Sol I beschickt. Die Konzentration aller Sole (einschließlich des Keimsols) betrug 36 mg/l. Das ist das 1,86-fache derjenigen Konzentration, für die MIE numerische Berechnungen durchgeführt hat. Bei der Ausführung der Streumessungen wurde allerdings das ursprünglich hergestellte Sol stark verdünnt (etwa im Verhältnis 1 : 20 - 1 : 30), um den Einfluß der Absorption im Innern des Streugefäßes auf die Richtcharakteristik der Streuung vernachlässigbar klein zu halten. Dies gilt aber nur für die relativen Streumessungen. Bei den Absolutmessungen (s. S. 43) wurde nicht so stark verdünntes Sol benutzt, so daß in diesem Falle der Absorption durchaus Rechnung getragen werden mußte.

4. Gang der Messungen

Um das Polardiagramm der Streuung zu erhalten, wurde der drehbare Arm, der den Vervielfacher und die Beleuchtungsoptik trug, in die verschiedenen Azimute eingestellt und die Intensität des Streulichtes durch Einstellen des Abgleichs ermittelt. Die Messung erfolgte im Winkelbereich von $20°$ bis $150°$ in Abständen von je $5°$ (ein Azimut von $0°$ bedeutet dabei, daß Richtung des Lichteinfalls und des Streulichtes zusammenfallen). Bei Winkeln unter $20°$ nimmt das Störlicht des Streugefäßes, von dem gleich noch zu reden sein wird, so stark zu, daß es gegenüber dem von dem eigentlichen Streuvolumen ausgesandten Licht nicht mehr vernachlässigt werden kann. Damit wächst aber die Meßunsicherheit so sehr, daß es geraten schien, den Winkelbereich von 0 bis $20°$ ganz von der Messung auszuschließen. Anderseits konnten größere Winkel als $150°$ aus apparativen Gründen nicht vermessen werden, da der Schwenkarm des Vervielfachers wegen seines Raumbedarfs eine solche Drehung nicht mehr zuließ.

Vor Beginn der Messungen wurde nach Einschalten von Beleuchtungslampe, Netzanschlußgerät des Vervielfachers und des Verstärkers erst jedes Mal etwa 30 Minuten gewartet, bis sich ein thermisch ausgeglichener Zustand eingestellt hatte und die elektrischen Verhältnisse konstant blieben.

Um die Reproduzierbarkeit der Messung zu kontrollieren, wurde die Messung an der selben Stelle immer in einer gewissen Reihenfolge wiederholt und zwar:

a) Messung der Vertikalkomponente V : $150°$, $145°$ . . . . . . $20°$
b) Horizontalkomponente H : $20°$, $25°$ . . . . . . $150°$
c) Horizontalkomponente H : $150°$ . . . . $20°$
d) Vertikalkomponente V : $20°$ . . . . $150°$

Die Messung selbst erfolgte in der Weise, daß die Spannung am Widerstand $R + R_1$ auf Null bzw. ein Minimum (angezeigt durch Minimalausschlag der Abstimmanzeigeröhre) abgeglichen und das Widerstandsverhältnis $\frac{R}{R+R_1}$ gleich dem Verhältnis der Photoströme i_1/i_2 gesetzt wurde. Dieser Quotient hätte unmittelbar das Verhältnis (bis auf den Verstärkungsfaktor des Vervielfachers) des eingestrahlten Lichtstroms zu dem vom S E V aufgenommenen ergeben, wenn nicht gewisse Korrekturen hätten angebracht werden müssen, die jetzt besprochen werden sollen.

Als erstes mußte untersucht werden, ob nicht bereits durch die Geometrie der Anordnung eine störende Winkelabhängigkeit in die Messung gekommen war. Es war z.B. nicht ausgeschlossen - und hat sich in einem gewissen Umfang auch bestätigt -, daß, hervorgerufen durch eine wechselnde Vignettierung des Strahlenganges und durch eine lokale Durchlässigkeitsänderung der Glaswand des Streugefäßes, der von dem S E V aufgenommene Lichtstrom eine gewisse Azimutabhängigkeit zeigte. Eine Beeinflussung des Streudiagramms durch die Absorption im Innern des Streugefäßes war nicht zu erwarten, da die zur Messung verwendeten Sole stark verdünnt waren.

Vor jeder Streumessung wurde eine "Eichung" in der folgenden Weise ausgeführt: Das Streugefäß wurde statt mit dem Goldsol mit einer wässerigen Fluoreszeïnlösung gefüllt, deren Konzentration so bemessen war, daß sie für die Meßwellenlänge ($\lambda = 546$ mμ) genau so stark oder, besser gesagt, genau so wenig absorbierte wie das zu untersuchende Streusol. Von dieser Fluoreszeïnlösung konnte - bezogen auf das einzelne Streuzentrum - gleichmäßige Streuung in alle Winkelbereiche als sicher vorausgesetzt werden.

Durch den Kunstgriff der Absorptionsanpassung von Goldsol und Fluoreszëinlösung wurde erreicht, daß das an der fluoreszierenden Ersatzlösung gemessene Polardiagramm außer den geometrisch-optischen Korrekturgrößen auch die Absorptionskorrektur - die tatsächlich allerdings sehr klein war - lieferte. Die optische Anregung erfolgte mit der Quecksilberlinie 436 mμ, indem vor die Quecksilberdampflampe ein Interferenzfilter gegesetzt wurde, das nur diese Wellenlänge durchließ. Vor den Vervielfacher wurde ein nur für das grüne Fluoreszenzlicht durchlässiges Schottfilter gebracht. Diese Methode der "komplementären" Filter bewirkte, daß der Empfänger mit Sicherheit nur das Fluoreszenzlicht aufnahm. Trägt man die gemessenen Lichtintensitäten $C_{(\varphi)}$ bzw. ihren reziproken Wert $1/C_{(\varphi)}$ als Funktion des Azimutes φ in einem Polardiagramm auf, so gibt dieser direkt den Faktor, mit dem die am Goldsol erfolgenden Messungen korrigiert werden müssen. Wie Abbildung 22 zeigt, ist $1/C_{(\varphi)}$ (Kurve I) nahezu winkelunabhängig, stellt also tatsächlich nur eine kleine, aber zu berücksichtigende Korrektur dar. Die Meßpunkte liegen fast vollständig auf einem Kreis mit dem Streugefäß als Mittelpunkt. Wo aber Abweichungen auftreten, liegen sie trotz ihrer Geringfügigkeit außerhalb der Fehlergrenze. Eine 2. Korrektur war wegen der Eigenstreuung des gläsernen Streugefäßes anzubringen. Dieses Störlicht rührt nicht von Staubteilchen oder Verunreinigungen an der Glaswand her, die bei genügender Sorgfalt - wenn auch nicht leicht - vermieden werden können, sondern wahrscheinlich von Inhomogenitäten im Glas selbst. Diese sind dadurch charakterisiert, daß sie praktisch nur nach vorn streuen. Abbildung 22 (Kurve II) gibt in 1o-fach überhöhtem Maßstab an, wie dieses Streulicht nach vorn zunimmt. Bei $\varphi = 15°$ ist es bereits größer als das von einem Sol mittlerer Teilchengröße regulär in diese Richtung gestreute Licht. Dies war der Grund, warum die Messungen nicht unterhalb von 2o° ausgedehnt wurden. Anderseits sieht man, daß von $\varphi = 25°$ nach größeren Winkeln hin das Störlicht sehr schnell abnimmt, so daß es dann nur noch zu einer geringfügigen Korrektur Veranlassung gibt.

Als 3. Korrektur mußte schließlich die Abweichung der Polarisationsfilter vom "Idealverhalten" in Rechnung gestellt werden. Das verwendete Filter ließ nämlich noch einen merklichen Anteil von Licht in der auf der Durchlaßrichtung senkrecht stehenden Richtung hindurch. Dieser "Polarisationsfehler" mußte daher nachträglich korrigiert werden. Zu diesem Zweck wurde

Forschungsberichte des Wirtschafts- und Verkehrsministeriums Nordrhein-Westfalen

die Durchlässigkeit des Polarisationsfilters in der Durchlaßrichtung (||) und in der dazu senkrechten Richtung (⊥) mit dem König-Martens'schen Spektralphotometer an 3 verschiedenen Wellenlängen (λ = 436, 546 und 578 mμ) gemessen. Dabei ergab sich für den Quotienten der Durchlässigkeiten in beiden Richtungen: $T(\lambda) = D\perp/D''$

Tabelle 1

(mμ)	$T(\lambda)$ %	D_n %
436	2,75	25,50
546	1,30	30,15
578	1,45	31,66

Die 3. Kolonne gibt den Absolutwert der Durchlässigkeit für natürliches Licht: D_n an.

Um nun an den unmittelbaren Meßwerten der Streuintensität (durch zwei Striche gekennzeichnet: V" und H") die "Polarisationskorrektur" auszuführen, wurden folgende Messungen gemacht.

a) V" (G + S), Streulicht von Gefäß + Goldsol, Analysator vert.
b) V" (G),   "   Gefäß allein,   "   vert.
c) H" (G + S),   "   Gefäß + Goldsol,   "   horiz.
d) H" (G),   "   Gefäß allein,   "   horiz.

Es gelten dann die folgenden Beziehungen:

(13) $V''(G+S) = V'(G) + V'(S) + T(\lambda)\{H'(G) + H'(S)\}$

(14) $V''(G) = V'(G) + T(\lambda) H'(G)$

(15) $H''(G+S) = H'(G) + H'(S) + T(\lambda)\{V'(G) + V'(S)\}$

(16) $H''(G) = H'(G) + T(\lambda) V'(G)$

Berechnet man nach diesen 4 linearen Gleichungen aus den primären Meßwerten: V" (G + S) ..... H" (G) die Werte: V' (G), V' (S) ..... H' (S), so ist gleichzeitig die Korrektur auf "Polarisationsfehler" und auf "Gefäßstreulicht" ausgeführt. Es bleibt jetzt nur noch die 3. Korrektur (mangelnde Rotationssymmetrie der Meßapparatur) übrig, um die endgültige korrigierten Werte: (V (S) und H (S) zu erhalten. Dies geschieht, indem man mit $1/C_{(\varphi)}$ multipliziert:

$$(17) \qquad V(S) = \frac{1}{C_{(\varphi)}} \cdot V'(S)$$

$$(18) \qquad H(S) = \frac{1}{C_{(\varphi)}} \cdot H'(S)$$

Bei der graphischen Darstellung der V (S) und H (S) -werte kommt es nur auf relative Beträge an. Man hat daher noch die Freiheit, den Absolutbetrag für eine Komponente (z.B. V oder H) oder auch für die Summe V + H in einer bestimmten Richtung festzulegen. Es wurde nun bis auf einige Diagramme, bei denen es ausdrücklich anders vermerkt ist, der Maßstab so gewählt, daß die Summe: V + H unter einem Azimut von $\varphi = 45°$ gerade den Wert 15 (relative Einheiten im Diagramm) annimmt. In diesem Fall ist das Format gerade gut genutzt und die Darstellung optimal deutlich (das Verhältnis von V zu H ist natürlich nicht frei wählbar, sondern ergibt sich unmittelbar im richtigen Betrage aus der Messung). Bei großen Teilchen (> 180 mμ) wächst die Intensität der Streustrahlung bei Azimuten unter $40°$ so stark an, daß in diesem Fall der Maßstab im Verhältnis 1:2 verkleinert werden mußte. Dies trifft auf die Darstellung der Abbildungen 37, 38, 41 und 42 zu.

5. Teilchengrößenbestimmung

Der einfachste, aber auch unsicherste Weg zu einer Teilchengrößenbestimmung wäre der gewesen, sich auf die Zuverlässigkeit der ZSIGMONDY'schen Keimmethode zu verlassen und aus einer passend angenommenen Größe der Keime die Teilchengrößen der Tochtersole zu berechnen (auf Grund der im 2. Teil ausgeführten, direkten, elektronenmikroskopischen Messungen können wir uns - wahrscheinlich zum ersten Mal - ein gut begründetes Urteil über die Zuverlässigkeit der ZSIGMONDY'schen Keimmethode bilden).

Ein anderes, brauchbareres Mittel zur Beurteilung der Teilchengröße wurde ebenfalls von ZSIGMONDY angegeben: Im Ultramikroskop, - dessen Wirkungsweise hier als bekannt vorausgesetzt werden soll -, kann man die bei direkter, mikroskopischer Beobachtung unsichtbaren Goldteilchen, falls sie intensiv seitlich beleuchtet werden, als kleine Beugungsscheibchen wahrnehmen. Sie führen, da sie in Wasser suspendiert sind, eine lebhafte BROWN'sche Molekularbewegung aus. Die ultramikroskopische Beobachtung gestattet nun, die Teilchenkonzentration in einem vorgelegten Sol in einer gleich zu beschreibenden Weise zu ermitteln. Unter Zuhilfenahme der bekannten Massenkonzentrationen des Sols (g Gold/ℓ Sol) kann man dann, vorausgesetzt, daß das Sol nicht allzu polydispers ist, die (mittlere) Teilchengröße berechnen. Das geschieht auf die folgende Weise: Im Okular des Mikroskopes ist ein Teil des Gesichtsfeldes als Meßfeld abgegrenzt. Aus Gründen, die gleich einleuchten werden, wird das zu messende Sol so stark verdünnt, daß man i.a. entweder gar kein oder nur ein Teilchen im Meßfeld hat. Nun ermittelt man diejenige Summe von Zeitintervallen $\Sigma \Delta t$, in denen sich ein Teilchen im Meßfeld befand (von der Berücksichtigung der viel selteneren Zeitintervalle, in denen gleichzeitig 2 oder sogar mehr Teilchen beobachtet werden konnten, kann man wegen ihrer verschwindend kleinen Wahrscheinlichkeit absehen). Bei genügend großer Gesamtbeobachtungszeit T stellt dann der Quotient: $\frac{\Sigma \Delta t}{T}$ die mittlere Aufenthaltswahrscheinlichkeit im Meßvolumen dar. Diese ist gleichzeitig gleich der mittleren Zahl von Teilchen, die auf das im Meßmikroskop festgelegte Meßvolumen entfallen (eine Zahl kleiner als 1). Die auf 1 cm³ unverdünnten Sols umgerechnete Teilchenzahl mag dann $\overline{n_u}$ sein. Das Produkt aus $\overline{n_u}$ und der Masse m der als gleich groß und kugelförmig vorausgesetzten Goldteilchen ergibt aber die aus den Herstellungsdaten bekannte Konzentration C_{Au} des Sols in g/mm³ bzw. g/cm³:

$$(19) \qquad m \cdot \overline{n_u} = \overline{n_u} \cdot S \cdot \frac{4\pi}{3} \cdot r^3 = C_{Au}$$

s: Dichte von Gold $\cong$ 19 g/cm³
r: Radius der Goldteilchen

Aus dieser Gleichung kann man dann schließlich den Radius r bzw. den Durchmesser 2 r der Teilchen berechnen.

Die für Auszählungen günstigste Teilchenkonzentration ist, wie sich empirisch ergibt, dann vorhanden, wenn die mittlere Wahrscheinlichkeit, ein Teilchen im Meßvolumen anzutreffen, etwa zwischen o,2 und o,4 liegt. Aus zwei Gründen ist eine solche "optimale" Teilchenkonzentration anzustreben: Einmal, weil mit wachsender Teilchenkonzentration, die Wahrscheinlichkeit, auch zwei oder mehr Teilchen anzutreffen, schnell grösser wird. Das ist aber unerwünscht, weil dann aus psychologischen Gründen die Meßgenauigkeit sinkt. Zum andern, weil bei einer zu geringen Teilchenkonzentration eine Messung zu lange dauert, bis sie genügend frei von statistischen Schwankungen ist.

Durch geeignete Verdünnung ließ sich diese günstigste Teilchenkonzentration meist herstellen, bis auf die Sole mit den größten Teilchen (Sol 6a und A), bei denen die Teilchenkonzentration schon von vornherein kleiner als die optimale war. Der bei diesen Solen ultramikroskopisch ermittelte Teilchendurchmesser hat daher auch eine größere Meßunsicherheit.

Eine weitere Möglichkeit der Teilchengrößenbestimmung ergibt sich aus der Bewertung der Form der Streucharakteristik. Es wurde das experimentell gewonnene Streudiagramm mit den nach der MIE'schen Theorie berechneten verglichen und unter diesen dasjenige mit der größten Ähnlichkeit herausgesucht. Die dem theoretischen Polardiagramm "größter Ähnlichkeit" zugeordnete Teilchengröße wurde dann als die mittlere Teilchengröße des realen Sols angesehen. Vorausgesetzt mußte dabei werden, daß das untersuchte Sol gut monodispers war. Die Ähnlichkeit kann nach verschiedenen Kriterien beurteilt werden. Am nächsten liegt es, aus der Beurteilung der "Form" der Kurven auf ihre Ähnlichkeit zu schließen, was quantitativer formuliert bedeuten würde, daß bei geeigneter Maßstabsanpassung die experimentelle Kurve von der theoretischen Punkt für Punkt möglichst wenig abweichen sollte. Ein anderes charakteristisches und für die abgekürzte Beurteilung besonders geeignetes Kriterium liefert die sogenannte "Asymmetrie" (in der englischen Literatur disymmetry genannt). Man versteht darunter den Quotienten der unter einem Azimut von $45°$ (schräg nach vorn) und unter einem solchen von $135°$ (schräg nach hinten) gestreuten Intensitäten:

$$(20) \qquad D = \frac{(V + H)\, \varphi = 45°}{(V + H)\, \varphi = 135°}$$

Dieser Quotient ist zur Kennzeichnung der Teilchengrößen deswegen besonders geeignet, weil oberhalb von etwa $80\, m\mu$ das Polardiagramm seinen bis dahin symmetrischen Charakter verliert und mit wachsender Teilchengröße die Streustrahlung nach vorn ständig zunimmt, nach hinten aber abnimmt. In Abbildung 20 ist die Asymmetrie als Funktion der Teilchengröße für die optischen Konstanten von Gold nach der Rechnung dargestellt (Kurve I). Kurve II gibt den Verlauf der Asymmetrie bei durchsichtigen Teilchen wieder, deren Brechungsquotient sich nur wenig von 1 unterscheidet. Wie man sieht, bleibt dabei der Charakter der Kurven im wesentlichen gewahrt, wenn auch die Absolutwerte von D andere werden.

Erst oberhalb von 80 mμ nimmt D Werte an, die merklich von 1 verschieden sind und steigt dann monoton bis es etwa bei 180 mμ im Fall der Kurve I einen Wert von 4 - 5, im Fall der Kurve II einen solchen von 3 - 4 erreicht. Für größere Teilchen ist es allerdings nicht mehr sehr sinnvoll, die Asymmetrie auch weiterhin als Maß für die Teilchengröße zu verwenden, da dann das Polardiagramm rasch seinen einfachen Charakter verliert und in viele Einzelfächer aufsplittert, so daß D nicht mehr als in einfacher Weise mit der Teilchengröße zusammenhängend angesehen werden kann.

Schließlich kann man auch aus dem Vergleich der Streuintensitäten unter einem bestimmten, aber beliebig herausgegriffenem Azimut einen Schluß auf die Teilchengrößen ziehen. In Abbildung 21 ist nach der Theorie dargestellt, wie sich die unter 90° abgestreute Gesamtintensität (V + H) (in relativem Maßstab dargestellt) mit der Teilchengröße ändert, wenn dabei die Massenkonzentration (gemessen in g/l) konstant gehalten wird. Um sich den Inhalt dieser Kurve besser verdeutlichen zu können, mag man sich vorstellen, daß ein vorgegebenes Sol im Lauf der Zeit zu größeren Teilchen so gleichmäßig koaguliert, daß in jedem Moment alles Gold auf Teilchen gleicher Größe und Gestalt verteilt ist. Dann stellt die Kurve gleichzeitig den zeitlichen Verlauf des unter 90° abgestreuten Lichtes dar (die Abszissenachse wäre in diesem Falle Achse sowohl für die Teilchengröße als auch für die Zeit).

Hat man nun bei den wirklichen Streumessungen an den verschiedenen Solen die Streuwerte bei φ = 90° ermittelt, so kann man aus den Intensitätsverhältnissen des Streulichts an Hand der Abbildung 21 eine Einordnung der Teilchengrößen der untersuchten Sole vornehmen. Hierzu muß allerdings für ein Sol eine Anpassung an die theoretische Kurve vorgenommen werden, da ja nicht die Absolutwerte der Streuintensität, sondern nur ihre Verhältnisse aus der Messung bekannt sind. Diese Anpassung wurde an dem Sol III ausgeführt, d.h. der dem Sol III zugeordnete Streuwert wurde auf die theoretische Streukurve und zwar bei der Teilchengröße 180 mμ gelegt. Damit war dann der Maßstab für die Eintragung aller übrigen Streuwerte eindeutig festgelegt. Das Sol III war besonders geeignet für die Anpassung, erstens da seine Streucharakteristik (s. Abb. 51) mit der theoretischen Vergleichskurve gut übereinstimmte und damit die Bestimmung der ihm zugeordneten Teilchengrößen genügend sicher erschien und zweitens weil die Streukurve von Abbildung 21 in der Umgebung von

180 mμ einen nahezu horizontalen Verlauf zeigt, so daß eine etwaige Polydispersität gerade bei dieser Teilchengröße sich auf die Gesamtstreuintensität unter 90° nur sehr wenig auswirkt. Für eine Reihe anderer Sole sind die Streuintensitäten durch horizontale Linien eingetragen. Diejenige Teilchengröße bei der eine solche Linie die theoretische Kurve schneidet, ist dann dem betreffenden Sol zuzuschreiben. Allerdings bleibt dabei eine gewisse Zweideutigkeit bestehen, da die Kurve der Abbildung 21 ein Maximum hat, der gleiche Streuwert also zu zwei Werten der Teilchengröße links und rechts vom Maximum gehört. Diese Unsicherheit ist aber durch Vergleich mit den nach den anderen Methoden bestimmten Teilchengrößen leicht zu beseitigen.

T a b e l l e 2

Sol	mμ			
	d_K	d_u	d_D	d_A
1	40	40		42
2	60	68		70
3	120	114	130	129
4a	180	143	170	(200)
4b	180	141	168	(200)

In Tabelle 2 sind die Ergebnisse der Teilchengrößenbestimmung an den Solen 1 bis 4b einschließlich zusammengestellt:

Die 1 Kolonne enthält die Solbezeichnungen, die 2. diejenige der Teilchengrößen, wie sie sich nach dem ZSIGMONDY'schen Keimgesetz ergeben müßten (theoretische Erwartungswerte). Die Werte der 3. Kolonne wurden nach der ultramikroskopischen Methode, die der 4. auf Grund des Asymmetriefaktors D und die der 5. mit Hilfe der Absolutintensität ermittelt. Die Werte von d_K, d_D und d_A weichen von dem über alle Kolonnen gemittelten Wert höchstens um $\pm$ 5 % ab. Stärker verschieden sind die Werte d_u. Die ultramikroskopische Methode, die ja ihrer Natur nach sehr empfindlich gegen eine Abweichung von der Monodispersität ist, dürfte daher wohl den geringsten Grad von Sicherheit unter den beschriebenen Methoden beanspruchen.

6. Polardiagramme der Streuung

Im folgenden sollen die Polardiagramme besprochen und mit der Theorie verglichen werden. Zur Erinnerung sei noch einmal wiederholt, wie die Diagramme zu lesen sind: Der Lichteinfall erfolgt von links nach rechts. Der Streuwinkel wird gegen die positive Lichtrichtung gezählt. Ein Azimut von $0°$ bedeutet also Streuung nach vorn, ein solches von $180°$ Streuung nach hinten. Aufgetragen wurden die Streuintensitäten als Radiivektoren für die zugehörigen Azimute. Normiert wurde in der Weise, daß die unter $\varphi = 45°$ gestreute Gesamtintensität $(V + H) = 15$ (in relativen Einheiten des Kurvenblattes) gesetzt wurde. Das Intensitätsverhältnis: V/H ist in jedem Kurvenblatt das ursprünglich gemessene bzw. bei den theoretischen Kurven das berechnete. Die Intensitäten <u>selbst</u> dürfen aber nicht von Abbildung zu Abbildung verglichen werden, da die Normierung in jedem Blatt <u>für sich</u> auf den Wert $(V + H)_{\varphi=45°} = 15$ vorgenommen wurde. Die äussere i.a. intensitätsstärkere Kurve gibt die Vertikalkomponente, die innere die Horizontalkomponente des Streulichts bei Einstrahlung mit natürlichem Licht wieder. Alle Abbildungen außer den Nr. 48 und 49 beziehen sich auf eine Wellenlänge von 546 mμ.

Bevor die experimentellen Streudiagramme besprochen werden, sollen zur Erleichterung des Vergleichs noch einmal kurz die wesentlichen Züge des theoretischen Verhaltens, wie sie in den Abbildungen 4 bis 13 niedergelegt sind, zusammengefaßt werden.

Die Änderung des Polardiagramms im Bereich von 40 bis 120 mμ ist besonders übersichtlich, da die rein symmetrische Kurve von 40 mμ (reine Rayleighstreuung) mit wachsender Teilchengröße stetig in die unsymmetrische von 120 mμ übergeht, wobei alle Zwischenkurven untereinander durchaus ähnlichen Charakter behalten. Die H-Kurve besteht immer aus 2 Zweigen vom Typus einer $\cos^2$-Kurve. Nur wächst mit zunehmendem Teilchendurchmesser der auf die Vorwärtsstreuung bezügliche Zweig immer mehr auf Kosten des anderen Zweiges. Wegen der Einfachheit des Kurvenverlaufes genügt in diesem Größenbereich zur Kennzeichnung des Streudiagramms die Angabe des Asymmetriefaktors (s.Abb.20). Die V-Kurven verhalten sich noch einfacher als die H-Kurven und zwar nicht nur bis zu einer Teilchengröße von 120 mμ, sondern sogar bis zu einer solchen von 180 mμ. Sie haben recht genau die Gestalt eines Kreises, dessen Mittelpunkt aber mit zunehmender Teilchengröße in Lichtrichtung vorrückt. Bei 180 mμ ist der Zweig der Rückwärtsstreuung in der H-Kurve bereits in 2 Kolben aufgespalten. Dies bedeutet, daß bei $\varphi = 180°$ ein ausgeprägtes Minimum, bei $\varphi = 110°$ ein deutliches Maximum auftritt. Gleichzeitig macht sich eine bezeichnende Erscheinung, die sogannte "negative Polarisation" (nach MIE) bemerkbar: Zwischen $\varphi = 110$ und $180°$ sind nämlich die Streuwerte für die H-Komponente größer als die für die V-Komponente, im Gegensatz zu ihrem sonstigen Verhalten. Diese "negative Polarisation" ist typisch für das Auftreten von Teilchen der Mindestgröße: 180 mμ. Zwar braucht bei Vorhandensein von großen Teilchen (d > 180 mμ) ein vorgelegtes Sol nicht immer negative Polarisation aufzuweisen, da bei gleichzeitiger Anwesenheit von vielen, kleinen Teilchen deren starke Rückwärtsstreuung mit positiver Polarisation sehr wohl die negative Polarisation der großen Teilchen verdecken kann. Umgekehrt aber läßt negative Polarisation mit Sicherheit auf die Anwesenheit von großen Teilchen schließen.

Wir wenden uns zur Besprechung der experimentellen Streudiagramme: Die Streukurven der Sole 1, 2, 3 und 4 (Abb. 23 - 32) bieten keinerlei Deutungsschwierigkeiten. Von Sol 1 ab, das noch völlig symmetrische Streuung zeigt, nimmt die Asymmetrie mit wachsender Ordnungszahl des Sols zu. Der Zahlenwert des Asymmetriefaktors gestattet eine direkte Bestimmung der Teilchengrößen, der nach Tabelle 2 gut mit den aus dem Keimgesetz erwarteten übereinstimmen. Die Form der Kurven entspricht der von der Theorie geforderten. Insbesondere sind die V-Kurven, wie es bei einem nahezu monodispersen Sol zu erwarten ist, gut kreisförmig. Bei Sol 3 (Abb. 27 und 28) allerdings ist die V-Kurve deutlich schon etwas gestreckt. Viel stärker noch ist diese Streckung in Lichtrichtung bei den Solen 5a und 5b (Abb. 33 - 36). Eine zu diesen Kurven "ähnliche" ist in der "theoretischen" Reihe (Abb. 4 - 13) nicht auszumachen. Diese Sole müssen daher als sehr polydispers angesprochen werden. Dann bietet sich auch zwanglos eine Erklärung für die gestreckte Form an. Nehmen wir z.B. an, die beiden, ihrem optischen Verhalten nach fast identischen Sole bestünden aus Vertretern zweier verschiedener Größenklassen (z.B. 60 und 160 mμ), dann ergäbe sich die resultierende V-Kurve als Überlagerungskurve zweier Kreise mit auseinanderfallenden Zentren. Die Streckung der Kurve (gemessen z.B. durch das Verhältnis große Achse/kleine Achse) wäre dann ein Maß für die Verschiedenheit der Teilchengrößen, d.h. für die Polydispersität des Sols.

Einen ähnlichen Schluß könnte man aus der Form der H-Kurve ziehen. Die starke Vorwärtsstreuung spricht für Teilchen, die größer als 160 mμ sind, während der Zweig der H-Kurve, der sich auf die Rückwärtsstreuung bezieht, auf gleichzeitiges Vorhandensein von wesentlich kleineren Teilchen schließen läßt: denn dieser Zweig ist deutlich in (oder besser entgegen) der Lichtrichtung gestreckt, während man beim Vergleich mit der theoretischen Kurve für 160 mμ bemerkt, daß der betreffende Zweig in Lichtrichtung gestaucht sein müßte. Man darf also annehmen, daß die Sole 5 a und 5b sowohl Teilchen, die wesentlich größer als 160 mμ sind als auch solche, die kleiner sind, enthalten. Die Enddiagnose lautet also auf ein stark polydisperses Sol.

Einen vielleicht noch unmittelbareren Beweis für die vermutete Polydispersität liefert die ultramikroskopische Betrachtung: Die ins Gesichtsfeld schwimmenden Teilchen zeigten nämlich verschiedenfarbige Beugungsscheibchen (bald rot, bald grün), was mit Sicherheit auf sehr verschiedene Teilchendurchmesser schließen läßt.

Die Sole 6a, 6b und 6c wurden ohne Keimsol hergestellt. Die Rolle der Goldkeime wurde hier von den "spontanen" oder "wilden" Keimen übernommen. Da deren Zahl aber sehr von Zufälligkeiten abhängt, so ist es nicht verwunderlich, daß die Größe der gebildeten Goldteilchen und damit auch die Gestalt der Streukurven sehr verschieden ist. Trotzdem darf man alle drei Sole für gut monodispers halten. Sol 6b z.B. fügt sich mit der Form seiner Streukurve recht gut zwischen den theoretischen Kurven für 160 und 180 mμ (Abb. 10 und 11) ein. Aus dem Asymmetriefaktor liest man andererseits eine mittlere Teilchengröße von 170 mμ ab, was sehr gut dazu paßt. Das Sol 6c, das einen sehr ähnlichen Kurvenverlauf hat, muß mit Sol 6b bezüglich Teilchengröße und Teilchengrößenverteilung weitgehend übereinstimmen, wenn es auch, nach dem Auftreten einer geringen, negativen Polarisation zu urteilen, etwas größer sein muß. Es stimmt gut damit zusammen, daß sich auch aus dem Asymmetriefaktor für Sol 6c eine etwas größere Teilchengröße als bei Sol 6b ergibt, nämlich 180 mμ gegenüber 170 mμ bei Sol 6b. Sol 6a zeigt ein ganz anderes Verhalten. Die Auftragung (Abb. 37, 38) erfolgte in diesem Falle, um sie ganz aufs Papier bringen zu können, in einem im Verhältnis 1:2 gegenüber der normalen Auftragungsart verkleinerten Maßstab. Der an Einzelheiten reiche Kurventeil im Azimutintervall zwischen 45 und 150° wurde dagegen zehnfach vergrößert dargestellt. Neu ist an dieser Kurve das Auftreten von 2 Minimis bei den Azimuten $\varphi = 60°$ und $\varphi = 110°$. Die Tatsache, daß diese beiden Minima so scharf markiert erscheinen, legt es nahe, anzunehmen, daß es sich auch hier um ein recht einheitliches Sol handelt, wenn man auch mit der MIE' schen Theorie keine Aussage mehr über die Teilchengröße machen kann. Trotzdem kann eine nachträgliche Zuordnung vorgenommen werden, wenn man das Streudiagramm von Sol 6a mit ganz ähnlichen Streukurven vergleicht, die zugleich mit elektronenmikroskopischen Teilchengrößenbestimmungen aufgenommen wurden (s. z.B. Abb. 77, 78). Man wird also mit großer Wahrscheinlichkeit auch dem Sol 6a eine mittlere Teilchengröße von 250 - 300 mμ zuordnen dürfen.

Die Sole I, II und III wurden aus Goldkeimen von etwa 60 mμ gezogen (d.h. es wurde zur Impfung einfach das Sol 2 benutzt). Sie zeigen ziemlich übereinstimmende Kurven. Aus ihrer Form kann man mit einiger Sicherheit auf eine mittlere Teilchengröße zwischen 160 und 180 m schließen, wobei Sol II die kleineren (näher an 160 mμ), Sol I die größeren Teilchen (näher an 180 mμ) haben dürfte. Es ist ein wenig überraschend, daß diese beiden Sole keine größeren Teilchen haben, obwohl zu ihrer Herstellung so große Keime benutzt wurden. Offenbar haben hier wieder eine so große Zahl "wilder" Keime vorgelegen, daß ihnen gegenüber die geringe Zahl "künstlicher" Keime keine Rolle spielte und die daher allein die Teilchengröße bestimmten.

Das Resultat von Streumessungen mit drei verschiedenen Wellenlängen (λ = 436, 546 und 578 mμ) an demselben Sol I zeigen die Abbildungen 47 - 49. Hier erkennt man recht instruktiv, wie sich der Charakter der Streukurven mit der Wellenlänge ändert. Der Grund hierfür liegt weniger in der Variation des (komplexen) Brechungsindex mit der Wellenlänge als in derjenigen der für die Theorie der Streuung maßgeblichen Größe $\lambda/2r$; 2r: Durchmesser der Teilchen. Da in der Streufunktion r und λ nur in der Form dieses Verhältnisses auftreten, muß sich eine Wellenlängenverkleinerung bei konstantem Teilchendurchmesser genau so auswirken wie eine entsprechende Zunahme von r bei konstantem λ, falls, wie vorausgesetzt, die Wellenlängenabhängigkeit des Brechungsindex zunächst vernachlässigt werden kann. Bei λ = 578 mμ (Abb. 49) zeigt die H-Kurve noch eine bemerkenswerte Rückwärtsstreuung, die bei λ = 546 mμ (Abb. 47) bereits geringer ist und bei λ = 436 mμ (Abb. 48) noch mehr einschrumpft. Die

Vorwärtsstreuung hingegen nimmt bei abnehmender Wellenlänge zu und zwar sowohl für die Vertikal- als auch für die Horizontalkomponente. In den Abbildungen 5o - 52 ist ein Vergleich von experimentellen und theoretischen Kurven durchgeführt worden, indem zu jedem experimentellen Streudiagramm das "ähnlichste" theoretische Diagramm hinzugefügt wurde (gestrichelt gezeichnet). In Abbildung 5o ist die Übereinstimmung der Form nach leidlich, wenn man auch bemerkt, daß die experimentelle Kurve in der Umgebung von $\varphi = 0$ und $180°$ stärker streut als es nach der theoretischen Vergleichskurve zulässig ist. Die Übereinstimmung der Kurven in Abbildung 51 ist recht gut. Die Form der Kurven sind selbst in Einzelheiten weitgehend ähnlich, die Abweichungen durchweg gering. In Abbildung 52 hingegen wird ein Musterbeispiel einer schlechten Übereinstimmung gezeigt. Der Grund dafür ist bekannt. Es ist die ausführlich erörterte Polydispersität des Soles 5b. Sole mit Teilchengrößen unterhalb von $140\,m\mu$ wurden nicht in Vergleichsdarstellung gebracht, weil man bei ihnen aus den Abbildungen 23 - 28 unmittelbar erkennt, daß sie mit den entsprechenden theoretischen Kurven (etwa den in Abb. 4 - 9 dargestellten) gut übereinstimmen.

Der Grund dafür, daß selbst im günstigsten Fall (Sol III) (**Abb.** 51) die "Deckung" von experimenteller und theoretischer Kurve nicht vollständig war, ist letzten Endes der, daß zur Berechnung des theoretischen Streudiagramms immer nur eine einzige Teilchengröße (nämlich die am häufigsten vertretene) und nicht die tatsächliche Teilchengrößenverteilung berücksichtigt wurde. Dies geschah erst bei Verwendung der elektronenmikroskopischen Teilchengrößenbestimmung (s. die Abb. 59 - 75). Dort war dann tatsächlich auch eine fast ideale Übereinstimmung zu erzielen.

7. Absorptionsmessungen

Die bisher besprochenen Streumessungen wurden durch Absorptionsmessungen ergänzt. Diese wurden mit einem König-Martens'schen Spektralphotometer im Wellenlängenbereich von $450 - 700\,m\mu$ ausgeführt. Als Lichtquelle diente eine Niedervoltlampe (6 Volt, 35 Watt). Helligkeitsschwankungen fielen heraus, da die Lampe - in bekannter Weise - beide Strahlengänge erleuchtet. Im Blau mußte mit relativ weit geöffnetem Spalt gearbeitet werden, da hier sowohl die Helligkeit der Lampe als auch die Augenempfindlichkeit stark abnimmt. Die spektrale Breite des blauen Meßlichtes betrug demnach etwa 12 mμ gegenüber einer solchen von 6 mμ im Grün und Rot. Je nach dem Grad der Absorption des Sols wurden verschieden dicke Schichten verwendet, derart, daß das Verhältnis der miteinander verglichenen Lichtströme nie den Betrag 1:10 überschritt. Auf diese Weise konnte für die gemessenen Absorptionswerte eine Genauigkeit von etwa 1 - 2 % erreicht werden.

Um einen Vergleich mit den von MIE angegebenen Kurven der Absorption zu ermöglichen, wurde die gemessene Absorption auf eine Schichtdicke von 1 mm und eine Konzentration von 1 mm^3 Gold auf 1 ℓ Sol reduziert. Es ist also in den Diagrammen die Absorption durch den gleichen Zahlenwert K wie bei MIE gekennzeichnet (K = 100 bedeutet: 1/10 der einfallenden Strahlung wird auf 1 mm Lichtweg bei dieser Wellenlänge absorbiert). Auf der Abszisse sind die Wellenlängen in mμ aufgetragen. In einem Übersichtsbild (Abb. 14) sind zunächst die theoretischen Absorptionskurven für die Teilchengrößen 0 - 10, 40, 60, 120 und 180 mμ aufgetragen. In den Abbildungen 15 - 17 ist die Absorptionskurve von je einem gemessenen Sol mit der "ähnlichsten" theoretischen Absorptionskurve zusammen eingetragen. Wie man sieht, ist die Übereinstimmung bis auf das Sol mit den kleinsten Teilchen recht befriedigend. Es ist also sinnvoll, einem Sol auf Grund seiner Absorptionskurve einen bestimmten Teilchendurchmesser zuzuordnen. Das bei kleinen Teilchengrößen noch sehr scharfe Absorptionsmaximum (Abbs. 14) wird mit wachsender Teilchengröße breiter und verlagert sich nach längeren Wellenlängen hin. Der Absolutbetrag der Absorption nimmt außerdem stark an. Bei den Solen 3 und 4a (Abb. 18, 19) ist er etwa nur noch die Hälfte desjenigen von Sol 2.

Beim Vergleich der experimentellen und der theoretischen Absorptionskurven ist zu beachten, daß hier keine Anpassung der Kurven vorgenommen wurde, wie diese bei den Streumessungen notwendig war, da dort nur Relativmessungen zur Verfügung standen. Die Absorptionskurven können daher ohne Maßstabsänderung miteinander verglichen werden.

8. Teilchengrößenbestimmung der Sole unter Benutzung eines Elektronenmikroskops

Für die jetzt zu beschreibenden Untersuchungen stand ein Elektronenmikroskop Siemens'scher Bauart (Typ Ü M 100) zur Verfügung. Erst jetzt konnte ein quantitativer Vergleich zwischen den Aussagen der MIE'schen Theorie und dem Experiment durchgeführt werden. Es wurde dazu in der folgenden Weise vorgegangen: Eine nach der ZSIGMONDY'schen Keimmethode hergestellte Generation von Solen wurde gleichzeitig bzw. in geringem, zeitlichem Abstand sowohl auf ihr Streuverhalten (Polardiagramm der Streuung) als auch auf ihre Teilchengrößenverteilung hin untersucht (es sei noch einmal darauf hingewiesen, daß bei den bisher besprochenen Methoden immer nur eine <u>mittlere</u> Teilchengröße, nie aber die effektive <u>Teilchengrößenverteilung</u> ermittelt werden konnte). Die Teilchengrößenbestimmung erfolgte höchstens 2 Tage nach der Ausführung der Streumessungen, um garantieren zu können, daß sich das Sol in der Meßzeit nicht verändert hatte. Durch wiederholte Kontrollmessungen wurde sichergestellt, daß im Laufe der fraglichen Zeit keine merkbaren Änderungen des Dispergierungszustandes aufgetreten waren. Gelegentlich wurde sogar, der größeren Sicherheit halber, die Teilchengrößenbestimmung in 2 Streumessungen eingeschlossen, wobei immer die praktische Unveränderlichkeit der Soleigenschaften innerhalb der Meßzeiten konstatiert werden konnte. Um die Teilchengrößen und ihre Verteilung auszumessen, wurden von jedem Sol eine Anzahl von elektronenmikroskopischen Präparaten hergestellt und photographiert. Die Präparierung erfolgte in der Weise, daß mit Hilfe eines Glasstäbchens aus dem passend verdünnten Sol ein Flüssigkeitströpfchen auf ein Formvarhäutchen abgesetzt wurde, welches über das Loch einer elektronenmikroskopischen Objektblende ($\emptyset \sim 70 \mu$) gespannt war. Das zu untersuchende Sol mußte passend verdünnt werden, um gewährleisten zu können, daß auf dem Photogramm weder eine zu große noch eine zu kleine Zahl von Teilchen vorhanden war. Bei zu großer Dichte bestand die Gefahr, daß die Teilchen sich zu einem Haufwerk übereinanderlagerten und dann nicht mehr mit Sicherheit ausgezählt werden konnten. Bei zu kleiner Teilchenzahl andererseits mußte aus statistischen Gründen die Sicherheit der Messung zu gering werden. Im allgemeinen wurde die Verdünnung so eingerichtet, daß etwa 200 bis 500 Teilchen auf eine Platte kamen. Die elektronenmikroskopische Vergrößerung betrug je nach Teilchengröße 7500, 15000 oder 30000. Ein Teilchen von 100 mμ hatte demnach bei einer Vergrößerung von 15000 auf den Photogrammen einen Durchmesser von 1,5 mm. Bei vielen Platten fiel eine starke Traubenbildung auf, d.h. die Teilchen blieben beim Präparieren nicht voneinander getrennt, sondern klebten zu einem flächenförmigen Gebilde zusammen. A priori konnte natürlich nicht gesagt werden, ob nicht auch Zusammenballungen bereits im Sol während der Messung der Streucharakteristik bestanden hatten. Das ist aber sehr unwahrscheinlich; denn sonst wären die untersuchten Sole rasch ausgeflockt und hätten nicht die vorzügliche Beständigkeit gezeigt, die wir an ihnen stets beobachten konnten. Außerdem hätte sonst eine sehr viel stärkere Vorwärtsstreuung stattfinden müssen. Es konnte auch beobachtet werden, wie die Traubenbildung umso stärker wurde, je längere Zeit für die Präparierung und Eintrocknung des Präparates benötigt wurde. Bei systematischer Variation der Eintrocknungsgeschwindigkeit wurde festgestellt, daß umso grössere "Trauben" entstanden, je langsamer eingetrocknet wurde, ein weiterer Hinweis darauf, daß die Trauben erst während des Präparierens entstanden. Es wäre nun zwar naheliegend gewesen, das Tröpfchen so schnell einzutrocknen, daß überhaupt keine "Trauben" mehr entstanden. Leider ließ sich dies technisch nicht verwirklichen, da das Tröpfchen bei zu raschem Eintrocknen von der Unterlage abspratzte. Es wurde daher die (nachträgliche) Traubenbildung in Kauf genommen und für den Vergleich zwischen Theorie und Experiment immer damit gerechnet, daß die Teilchen im Sol nie aggregiert waren.

Pro Sol wurden 3 - 6 Photogramme mit ca. 1000 - 2000 Teilchen ausgezählt. Aufnahmen, bei denen ein offensichtlicher Präparierfehler gemacht worden war, wurden verworfen. Die Ausmessung der Photogramme wurde visuell unter Zuhilfenahme einer Meßlupe (Vergrößerung: 8-fach) vorgenommen, indem die ganze photographische Platte in Felder eingeteilt und dann Feld für Feld die innerhalb eines gewissen Größenbereichs liegenden Teilchen ausgezählt wurden. Der Abstand von Klasse zu Klasse betrug 5 mμ. Die Abbildungen 53-56 zeigen 4 charakteristische Beispiele solcher Auszählungen. Als Abszisse sind die mittleren Teilchendurchmesser, als Ordinate die relative Häufigkeit der verschiedenen Größenklassen (Zahl der Teilchen, die auf jede Größenklasse entfallen, in relativem Maß) aufgetragen. Die relative Häufigkeit der am stärksten vertretenen Klasse wurde dabei willkürlich gleich 100 gesetzt. In Abbildung 56 bedeuten die 3 übereinander gezeichneten Kurven die Auszählungsergebnisse an verschiedenen Photogrammen und damit 3 verschiedenen Präparaten aus demselben Sol. Die Güte der Übereinstimmung zeigt, daß mit jedem Photogramm eine verläßliche, statistische Stichprobe gewonnen werden konnte. Es ist damit auch sehr wahrscheinlich gemacht, daß die aus jedem Präparattröpfchen gewonnene Teilchengrößenverteilung tatsächlich hinreichend genau auch die Verteilung im Sol selbst wiedergab. Aus den Verteilungsdiagrammen eines Sol wurde durch Mittelung die endgültige Größenverteilungskurve gewonnen, die dann der rechnerischen Ermittlung der theoretischen Streukurve zu Grunde gelegt wurde.

9. Prüfung des ZSIGMONDY'schen Keimgesetzes

Die elektronenmikroskopische Teilchengrößenbestimmung gestattete gleichzeitig die Gültigkeit des ZSIGMONDY'schen Keimgesetzes quantitativ zu prüfen. Im Idealfall, d.h. wenn keine "wilden" Keime vorhanden wären und wenn sich das Gold gleichmäßig auf alle Keime verteilen würde, müßte der Durchmesser der Teilchen in einer Generation von Solen, bei deren Herstellung die Zahl der hinzugefügten Keime von Sol zu Sol immer um den gleichen Faktor $\frac{1}{\varkappa}$; $\varkappa > 1$ reduziert wurde, in folgender Weise abnehmen: Wenn mit z_o die Zahl der Keime im 1. Sol, mit z_n diejenige der Keime im $(n + 1)$. bezeichnet wird, müßte dann gelten:

$$(21) \qquad z_n = z_o \cdot \left(\frac{1}{\varkappa}\right)^n$$

Daraus ergibt sich für das Wachstum des Teilchenvolums mit zunehmender Ordnungszahl n:

$$(22) \qquad V_n = V_o \cdot \varkappa^n$$

und für dasjenige der Teilchendurchmesser:

$$(23) \qquad d_n = d_o \sqrt[3]{\varkappa^n}$$

Logarithmiert man Gleichung (23) so folgt:

$$(24) \qquad \lg d_n = \lg d_o + \frac{n}{3} \lg \varkappa$$

oder

$$(25) \qquad n = \frac{3}{\lg \varkappa} \lg d_n - \frac{3}{\lg \varkappa} \lg d_o$$

d.h. wenn man die Ordnungszahl n über dem log des Teilchendurchmessers aufträgt, muß sich eine gerade Linie mit der Steilheit $\frac{3}{\lg \varkappa}$ ergeben. Nun wäre nicht viel Hoffnung gewesen, das ZSIGMONDY'sche Keimgesetz quantitativ bestätigt zu finden, wenn man zur Nachprüfung Sole verwendet hätte, die in der üblichen, auf Seite 21 ff. ausführlich beschriebenen Weise hergestellt worden waren: denn nach dem an früherer Stelle Gesagten hängt die Größe der Teilchen - und in besonders starkem Maß bei großen Teilchen - von der zufälligen Zahl der "wilden" Keime ab. Die gezielte Herstellung einer Folge von Solen mit nach dem Keimgesetz abnehmender Teilchengröße wäre daher recht problematisch gewesen. Glücklicherweise gelang es aber, durch eine kleine Abänderung des Herstellungsverfahrens, nämlich durch Weglassen der Natriumkarbonatlösung bei Ansetzen von Lösung A, Sole herzustellen, die zwar weniger beständig, dafür aber - wie sich bei der Nachprüfung herausstellte - sich so verhielten, wie es das Keimgesetz verlangte. Solche Sole wurden für die Prüfung des Keimgesetzes benutzt (für die eigentlichen Streumessungen konnte aber nicht auf die Benutzung des unveränderten ZSIGMONDY'schen Rezeptes verzichtet werden, da hier wegen der ausgedehnten Meßzeiten die absolute Beständigkeit der Sole wichtigste Voraussetzung war).

In Abbildung 57 ist an den Solen der Generation VI, die nach dem eben geschilderten <u>modifizierten</u> Verfahren hergestellt waren, eine graphische Darstellung der Teilchengrößen als Funktion der Ordnungszahl des Soles vorgenommen worden. Die Meßpunkte liegen gut auf einer geraden Linie, wie es das Keimgesetz verlangt. Höchstens bei den Solen VI_5 und VI_6 besteht eine Abweichung in der Richtung nach kleinen Teilchendurchmessern. Bei der Herstellung der Sole war ein Verdünnungsfaktor $\frac{1}{\varkappa} = 1/8$, entsprechend einer theoretischen Zunahme des Teilchendurchmessers um den Faktor 2 verwendet worden. In der logarithmischen Darstellung von Gleichung (24) bedeutet dies einen theoretischen Anstieg der Geraden des Keimgesetzes mit einer Steilheit $\mathrm{tg}\alpha = \frac{3}{\lg \varkappa} = 3{,}32$. Experimentell ergibt sich ein solcher von $\mathrm{tg}\alpha = 3{,}47$. Er weicht also etwa um 4,5 % von dem theoretischen Wert ab, woraus man finden kann, daß der mittlere, experimentelle Zuwachsfaktor für die Teilchendurchmesser höchstens um 3 % von dem theoretischen Wert 2 differiert. Im Rahmen unserer Untersuchungen darf also das ZSIGMONDY'sche Keimgesetz - voraus gesetzt, daß man die Goldsole in der von uns beschriebenen, leicht modifizierten Form herstellt - mit einer Genauigkeit von etwa 3 % als bestätigt angesehen werden.

In Abbildung 58 sind die Teilchengrößenverteilungen in natürlichem Maßstab für die in Abbildung 57 benutzten Sole über der Teilchengröße als Abszisse aufgetragen. Alle Kurven sind so aneinander angeglichen, daß die relative Häufigkeit bei der am stärksten vertretenen Teilchensorte

= 100 gesetzt wurde. In dieser Abbildung erkennt man unmittelbar, wie die mittlere Teilchengröße um einen konstanten Faktor (nahe = 2) zunimmt und wie auch gleichzeitig die Halbwertsbreite der Verteilungskurven mit zunehmender mittlerer Teilchengröße wächst.

10. Vergleich der MIE'schen Theorie mit dem Experiment

Erst die Verbindung von optischer Streumessung und elektronenmikroskopischer Auswertung von Teilchengröße und Teilchengrößenverteilung gestattete, einen quantitativen Vergleich zwischen MIE'scher Theorie und dem Experiment durchzuführen. Er soll im folgenden besprochen werden: Dabei handelt es sich zunächst nur um einen Relativvergleich der auf theoretischem bzw. experimentellem Wege erhaltenen Richtcharakteristiken der Streuung. Im Anschluß daran werden Absolutmessungen der Streuintensität besprochen, die dann einen uneingeschränkten Vergleich zwischen Theorie und Experiment zulassen (Absolutvergleich). Diese am Schluß durchgeführten Absolutmessungen machen nachträglich alle früheren Relativvergleiche zu Absolutvergleichen.

In den Abbildungen 59 bis 75 ist dieser Vergleich für 16 verschiedene Sole der in Tabelle 3 angegebenen Teilchengrößen in der üblichen Weise

Tabelle 3

Sol	m	Sol	m	Sol	mμ
VII_3	35	III_4	80	V_3	107,5
III_3	50	III_6	85	VIII_5	115
VIII_{4a}	60	VIII_{4b}	87,5	IV_9	120
IX_4	65	IX_{4b}	87,5	VI_{4a}	160
IX_{4a}	72,5	III_5	90		
III_7	78,0	IX_5	107,5		

graphisch dargestellt. Die Kurven (ausgezogen für die Vertikalkomponente, gestrichelt für die Horizontalkomponente) sind unter Zugrundelegung der elektronenmikroskopisch ermittelten Teilchengrößenverteilungen nach der

MIE'schen Theorie berechnet worden. Die Punkte sind durch Messung gewonnen. Unter dem Azimut $\varphi = 45°$ sind theoretische Kurve und die beiden Meßpunkte (für die V- bzw. H-Komponente) wieder wie früher durch die Normierung $(V + H)_{45°} = 15$ aneinander angepaßt. In den Abbildungen 59 - 64 handelt es sich um Teilchen zwischen 35 und 78 mμ. Bis auf wenige Meßpunkte ist die Übereinstimmung ausgezeichnet. Auffällig ist, wie gut die Punkte für die Vertikalkomponente auf einem Kreis liegen, ein Zeichen dafür, daß es sich um gut monodisperse Sole handelte. Die Abbildungen 64 - 75 stellen die Streudiagramme von größeren Teilchen dar. Bei ihnen ist der Streukreis für die Vertikalkomponente bereits etwas gedrückt, da sich mit zunehmender Teilchengröße die Verbreiterung der Teilchengrößenverteilungskurve (s. Abb. 58) bemerkbar macht. Wieder ist aber die Übereinstimmung zwischen gerechneter und gemessener Kurve so gut, wie man sie im Rahmen der vorliegenden Meßgenauigkeit überhaupt erwarten kann. Besonders interessant ist der Vergleich der Streukurve von Sol VI_{4a} (Abb. 74 und 75) mit der theoretischen Voraussage. In Abbildung 74 wurde der theoretischen Kurve die elektronenmikroskopisch ermittelte Teilchengrößenverteilung (s. Abb. 55) zugrundegelegt, aber unter Vernachlässigung der Teilchen, die größer als 180 mμ waren. Anfänglich wurde nämlich gehofft, daß sich diese Vernachlässigung nicht allzu stark auswirken würde, da die Zahl der großen nicht mit in Rechnung gestellten Teilchen gegenüber der Gesamtzahl immerhin nicht sehr groß war. Außerdem lagen nur für Teilchen bis 180 mμ berechnete Streuwerte (in der MIE'schen Arbeit) vor. Das Ergebnis war in diesem Fall nicht befriedigend (Abb. 74): die Meßpunkte für die Rückwärtsstreuung sind deutlich etwas zu klein. Es wurden daher - was einige mühsame Rechnung verlangte - die theoretischen Streuwerte nach der MIE'schen Tehorie auch noch für die Teilchengrößen über 180 mμ, nämlich für 200 und 220 mμ nachberechnet. Die jetzt unter Berücksichtigung aller Teilchengrößen neu berechnete Streukurve zeigte wieder die gleiche gute Übereinstimmung mit der experimentellen Kurve, wie wir sie schon an allen anderen Solen feststellen konnten.

Schließlich wurden, um den Vergleich mit der MIE'schen Theorie vollständig zu machen, noch absolute Streumessungen ausgeführt. Es wurde dazu in der folgenden Weise vorgegangen: Das Streugefäß wurde durch eine unter 45° gegen das Licht gestellte, vollständig diffus reflektierende Fläche (eine mit MgO berauchte Platte), ersetzt. Der Vervielfacher wurde unter einem Winkel von 90° gegen den einfallenden Lichtstrahl, also unter 45° gegen das Lot auf die Mg-O-Schicht aufgestellt. Unter der Annahme, daß die Mg-O-Schicht das auffallende Licht 100-prozentig remittiert (Albedo = 1) und daß die Winkelverteilung des remittierten Lichtes dem Lambert'schen Gesetz folgt, konnte aus dem von dem S E V aufgenommenen Lichtstrom (der durch die Größe des erzeugten Photostromes gemessen wurde) auf die Intensität des auf das Streuvolumen bzw. die Ersatzplatte einfallenden Lichtes zurückgerechnet werden. Damit gewann man diejenige Größe, auf die das von dem Goldsol unter den gleichen Versuchsbedingungen gestreute Licht bezogen werden mußte, um den Absolutwert der Streuintentität zu erhalten. Der erste Teil unserer Annahme: Albedo = 1 wurde nicht besonders nachgeprüft, da darüber eine große Zahl von bestätigenden Untersuchungen (4) vorlag. Der 2. Teil: Gültigkeit des Lambert'schen Gesetzes (5) d.h. Proportionalität des remittierten Lichtes mit dem cos des Ausstrahlungswinkels wurde wenigstens teilweise kontrolliert. Und zwar wurde die Winkelabhängigkeit des Remissionsvermögens in der eben geschilderten Versuchsanordnung geprüft, indem unter 45° eingestrahlt und unter veränderlichem Ausstrahlungswinkel (Herumschwenken des Vervielfachers bei festgehaltener Mg-O-Schicht) gemessen wurde. Dabei ergab sich (Abb. 80) eine so gute Übereinstimmung mit dem Lambert'schen Gesetz, daß von da ab ohne weitere Prüfung das von der Mg-O-Schicht remittierte Licht bei jeder Messung mit dem cos des Ausstrahlungswinkels reduziert wurde. Nach Beendigung der Remissionsmessung wurde die Mg-O-Platte durch das mit einem Goldsol gefüllte Streugefäß ersetzt und das unter 90° gestreute Licht und zwar nur für die vertikal zur Visionsebene schwingende Komponente gemessen. Da die beiden zu vergleichenden Lichtströme intensitätsmäßig außerordentlich verschieden waren (etwa im Verhältnis 1:1000), wurde bei der Messung des an der Mg-O-Schicht remittierten Lichtes das einfallende Licht durch einen Satz von hintereinander geschalteten Absorptionsfiltern mit bekannter Durchlässigkeit in meßbarer Weise geschwächt, so daß in beiden Fällen die Anzeige des Vervielfachers etwa in derselben Grössenordnung lag. Es mußte außerdem bei diesen Absolutmessungen der Einfluß der Absorption auf das gestreute Licht innerhalb des Streugefäßes berücksichtigt werden, was aber hier nicht im einzelnen geschildert werden soll. Das endgültige Ergebnis dieses Absolutvergleichs zeigt Tabelle 4.

Die 1. Kolonne gibt die Nummer des Sols an, die 2. die mittlere Teilchengröße. In der 3. und 4. Kolonne sind der berechnete (S_b) und der experi-

Tabelle 4

Sol	d	S_b	S_e
IX_3	35	1,00	0,79
X_3	50	1,00	0,99; 0,99 0,99
IX_4	65	1,00	1,00 0,99
IX_{4a}	70 - 75	1,00	1,06
IX_{4b}	85 - 90	1,00	1,05
X_4	100	1,00	0,99
IX_5	105-110	1,00	1,00

mentelle (S_e) Streuwert eingetragen. Um den Vergleich besonders bequem zu machen, wurde der theoretische Streuwert S_b für alle Teilchengrössen = 1 gesetzt, so daß der Wert von S_e direkt die prozentuale Abweichung erkennen läßt. Nur das Sol mit den kleinsten Teilchen zeigt eine große Abweichung ($\sim$20 %). Es kann noch nicht mit Sicherheit gesagt werden, ob diese Abweichung eine systematische ist. Auf alle Fälle ist dieser Umstand einer Nachprüfung wert, da - wenn überhaupt - nur bei den kleinsten Teilchen eine Abweichung von der MIE'schen Theorie zu erwarten ist. Die größeren Sole (ab etwa 50 mμ) zeigen hinsichtlich des Absolutbetrages der Streuung eine Übereinstimmung mit dem theoretischen Wert, wie sie eigentlich gar nicht besser sein könnte. Die größeren Abweichungen bei den Solen IX_{4a} und IX_{4b} (6 bzw. 5 %) rühren möglicherweise von einer leichten Veränderung der Streueigenschaften innerhalb der zur Messung benötigten Zeit her. Selbst, wenn man aber diese Sole noch mit zur Mittelwertbildung heranzieht, ergibt sich für die mittlere Abweichung des Absolutbetrages der Streuung unter einem Azimut von 90° (Vertikalkomponente) von dem theoretischen Wert für die 6 untersuchten Sole (das Sol IX_3 wurde dabei aus prinzipiellen Gründen weggelassen) ein Wert von $\sim$2 % (1,8 %).

Diese Übereinstimmung ist besser, als man sie überhaupt erwarten sollte; denn die optischen Konstanten von Gold sind zur Zeit sicherlich nicht genauer als bis auf 10 % bestimmt. Demzufolge sollte man auch eine etwa gleich große Unsicherheit in den Streuwerten des kolloidalen Goldes erwarten. Die tatsächlich gefundene, sehr viel bessere Übereinstimmung zwischen theoretisch berechneten und experimentell gefundenen Streukoeffizienten scheint dafür zu sprechen, daß die von uns verwendeten Werte von n und $\varkappa$ (es waren die von G. MIE in seiner Arbeit (1) benutzten einer Veröffentlichung von HAGEN und RUBENS (6) entnommenen Werte n = 0,57 und $\varkappa$ = 2,45) sehr nahe bei den "wahren" Werten der optischen Konstanten des Goldes in kolloidaler Verteilung liegen. Auf alle Fälle kann man aber sagen, daß die vorliegenden Messungen eine Übereinstimmung zwischen MIE'scher Theorie und Experiment zeigen, wie sie bei der derzeitigen Kenntnis der optischen Konstanten von Gold nicht besser erwartet werden kann.

11. Zusammenfassung

Es wurden an einem typischen Metallsol (Gold) im Bereich der Teilchengrößen zwischen 40 und 220 mμ ausgedehnte Messungen des optischen Streuvermögens durchgeführt. Gemessen wurde die Winkelabhängigkeit der Streuung für die parallel und senkrecht zur Visionsebene schwingenden Anteile. Außer diesen Relativmessungen wurden auch für die meisten Teilchengrößen Absolutmessungen angestellt, die eine Aussage über den Prozentsatz des einfallenden Lichtes gestatten, der von einem vorgegebenem Sol in eine bestimmte Richtung innerhalb eines gewissen Raumwinkels abgestreut wird. Besondere Sorgfalt wurde der Ermittlung der Teilchengrößen und der Teilchengrößenverteilung der optisch vermessenen Sole gewidmet. Es wurden alle bekannten Methoden der Teilchengrößenbestimmung im kolloidalen Bereich studiert und kritisch miteinander verglichen. Als zuverlässigste und unmittelbare Methode wurde schließlich die elektronenmikroskopische Bestimmung der Teilchengrößen benutzt, um einen quantitativen Vergleich zwischen der MIE'schen Theorie und dem Experiment durchzuführen. Die theoretische Vergleichskurve für die winkelabhängige Streuung wurde immer dadurch ermittelt, daß unter Zugrundelegung der elektronenmikroskopisch bestimmten Teilchengrößenverteilung des vorgelegten Sols die theoretischen Streukurven aller Größenklassen, nach ihrer Häufigkeit gewichtet, superponiert wurden. Die Übereinstimmung war in allen Fällen, die rechnerisch und experimentell erfaßt werden konnten, nämlich im Größenbereich von 40 - 220 mμ, was den Relativvergleich, also die Form der Winkelabhängigkeit anlangt, vorzüglich. Aber auch der Absolutvergleich ergab eine Übereinstimmung bis auf etwa 2 %.

Insgesamt kann gesagt werden, daß die an einem Musterbeispiel durchgeführten Streumessungen mit der Genauigkeit, wie sie bei der augenblicklichen Kenntnis der optischen Konstanten von Gold zu erwarten war, eine quantitative Bestätigung der MIE'schen Theorie lieferten. Man kann wahrscheinlich das erste Mal von einer solchen quantitativen Prüfung sprechen; denn alle bisher ausgeführten Messungen krankten an dem Mangel einer zuverlässigen Methode für die Bestimmung der Teilchengrößen. In keinem Falle konnte in früheren Arbeiten, selbst bei angenähert richtiger Bestimmung der <u>mittleren</u> Teilchengröße, die wahre <u>Teilchengrößenverteilung</u> ausgemacht werden, die aber erst einen quantitativen Vergleich möglich macht.

Prof. Dr. Conrad von FRAGSTEIN, Köln
Dr. Johannes MEINGAST, Aachen
Heinz HOCH, Köln

12. Literaturverzeichnis

(1) MIE, G.   Ann.d.Phys. 25, 377, 1908

(2) RAYLEIGH   Phil. Mag. 41, 447, 1881

(3) ZIMM, B.H.   Journ. Chem. Phys. 16, 1099, 1948

(4) HENNING u. HEUSE   Z.f.Phys. 10, 11, 1922

(5) THALER, F.   Ann.d.Phys. 11, 1903, 996

(6) HAGEN u. RUBENS   Ann.d.Phys. 8, 432, 1903

13. Bildanhang

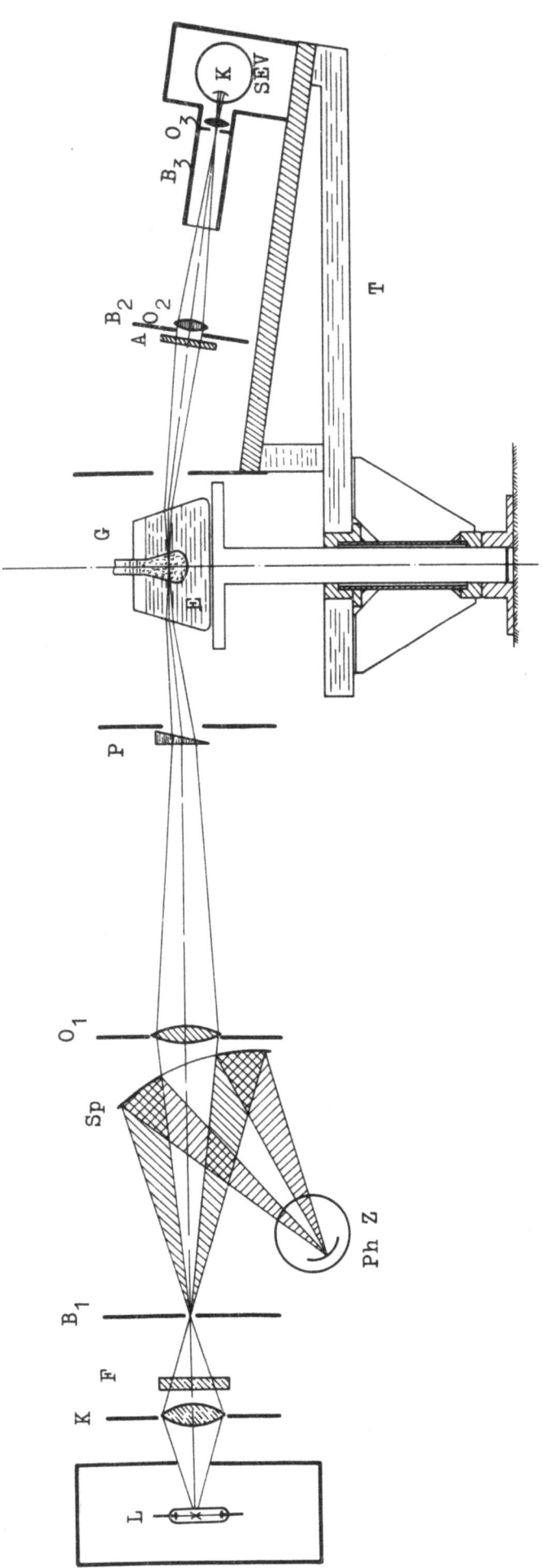

Abbildung 1
Optischer Aufbau

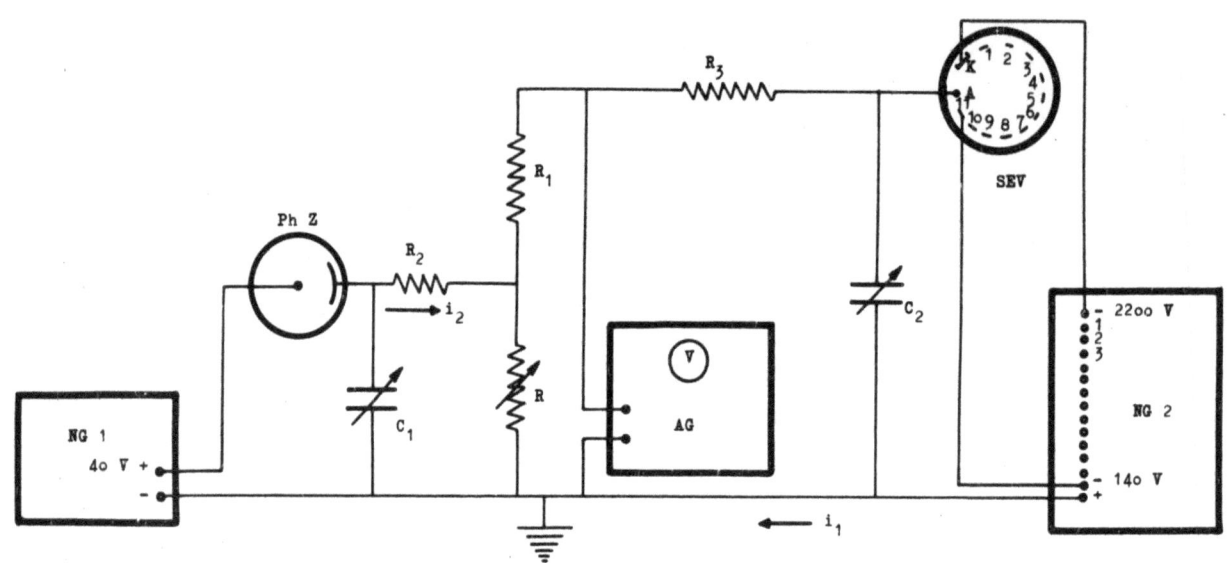

Abbildung 2
Elektrische Meßanordnung (schematisch)

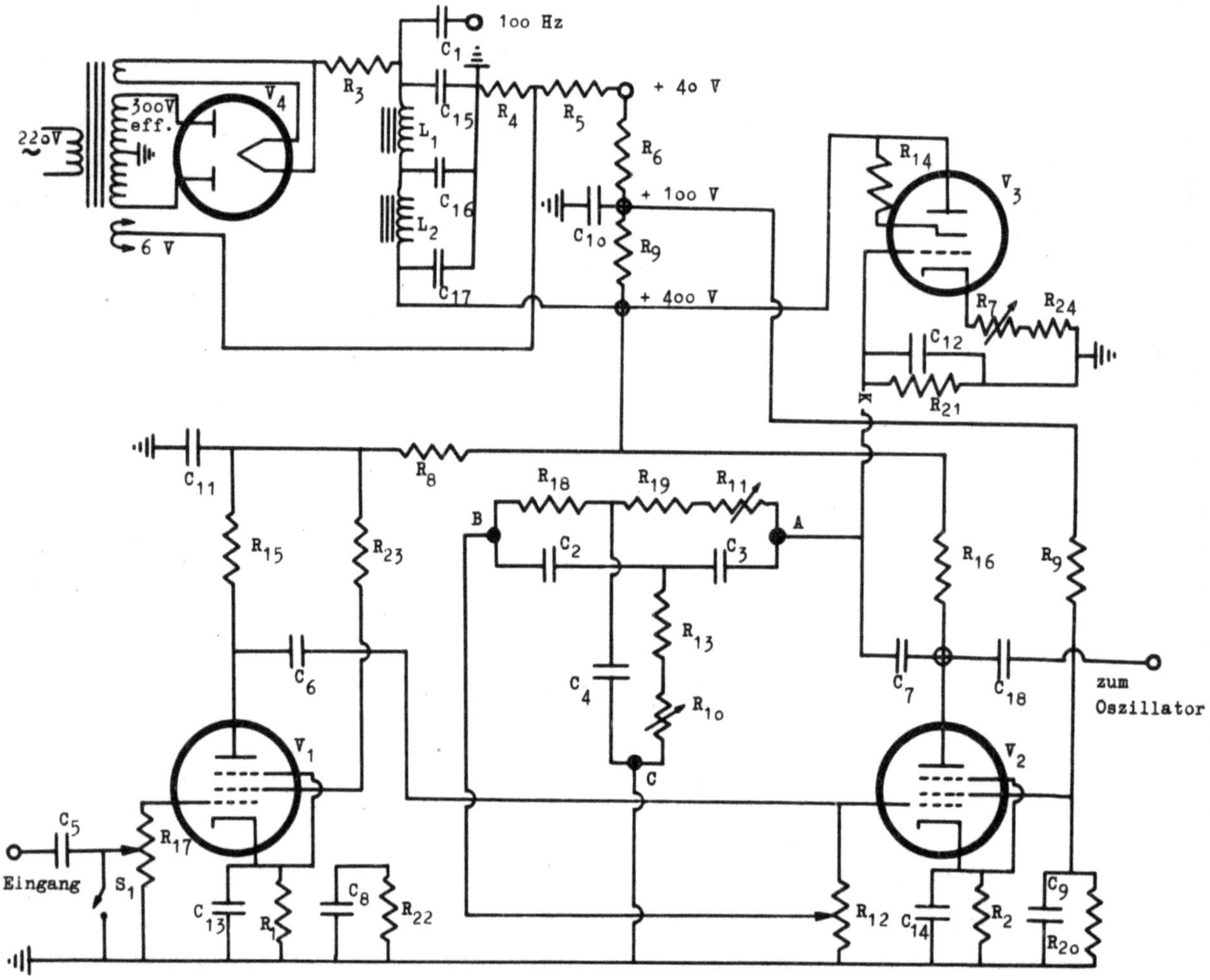

Abbildung 3
Aufbau des elektrischen Verstärkers

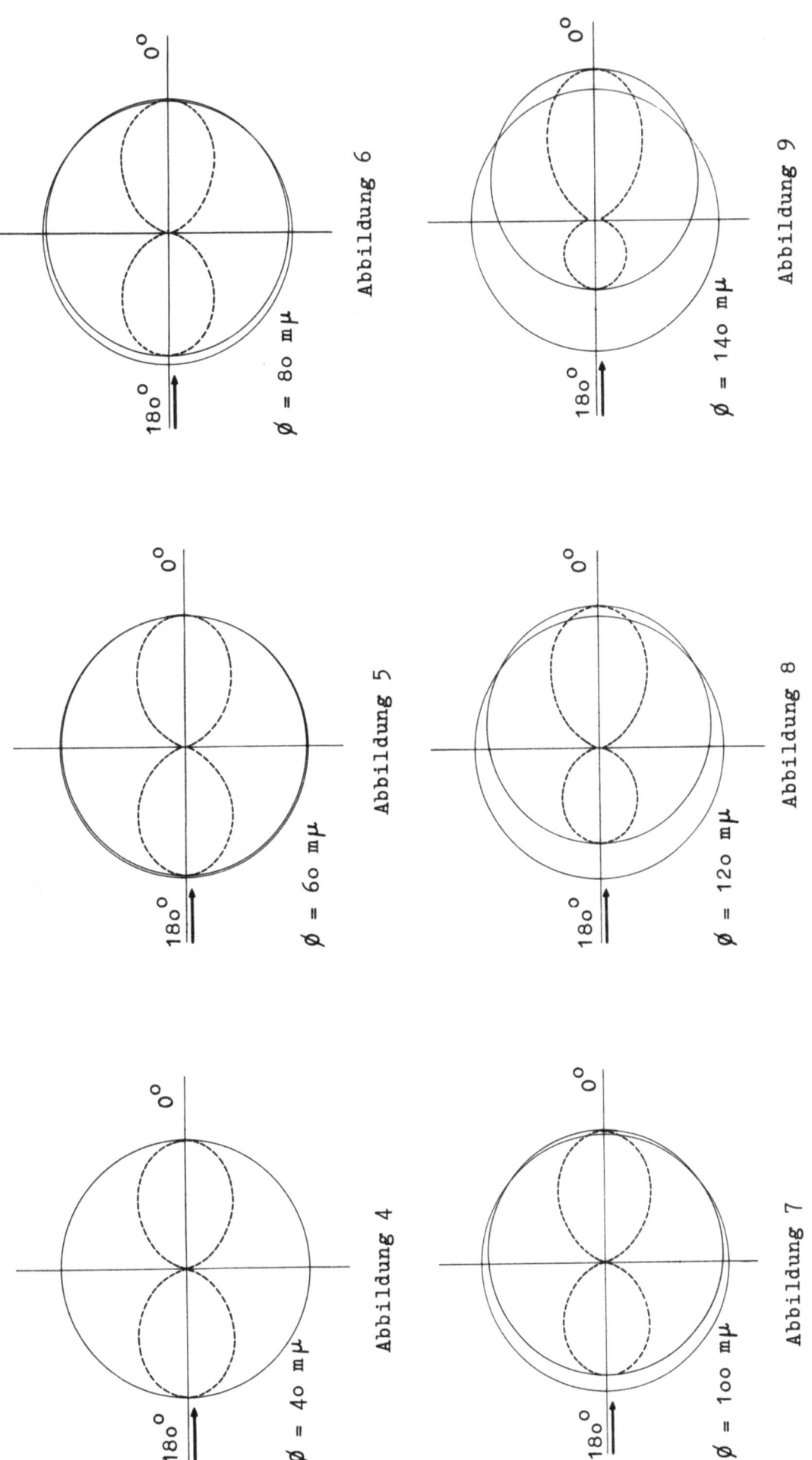

Abbildung 4 – 9

Polardiagramm der Streuung für Goldteilchen zwischen 40 bis 140 mµ
(nach der Theorie von MIE berechnet)

ausgezogen: ——— Vertikalintensität V; gestrichelt: ---- Horizontalintensität H

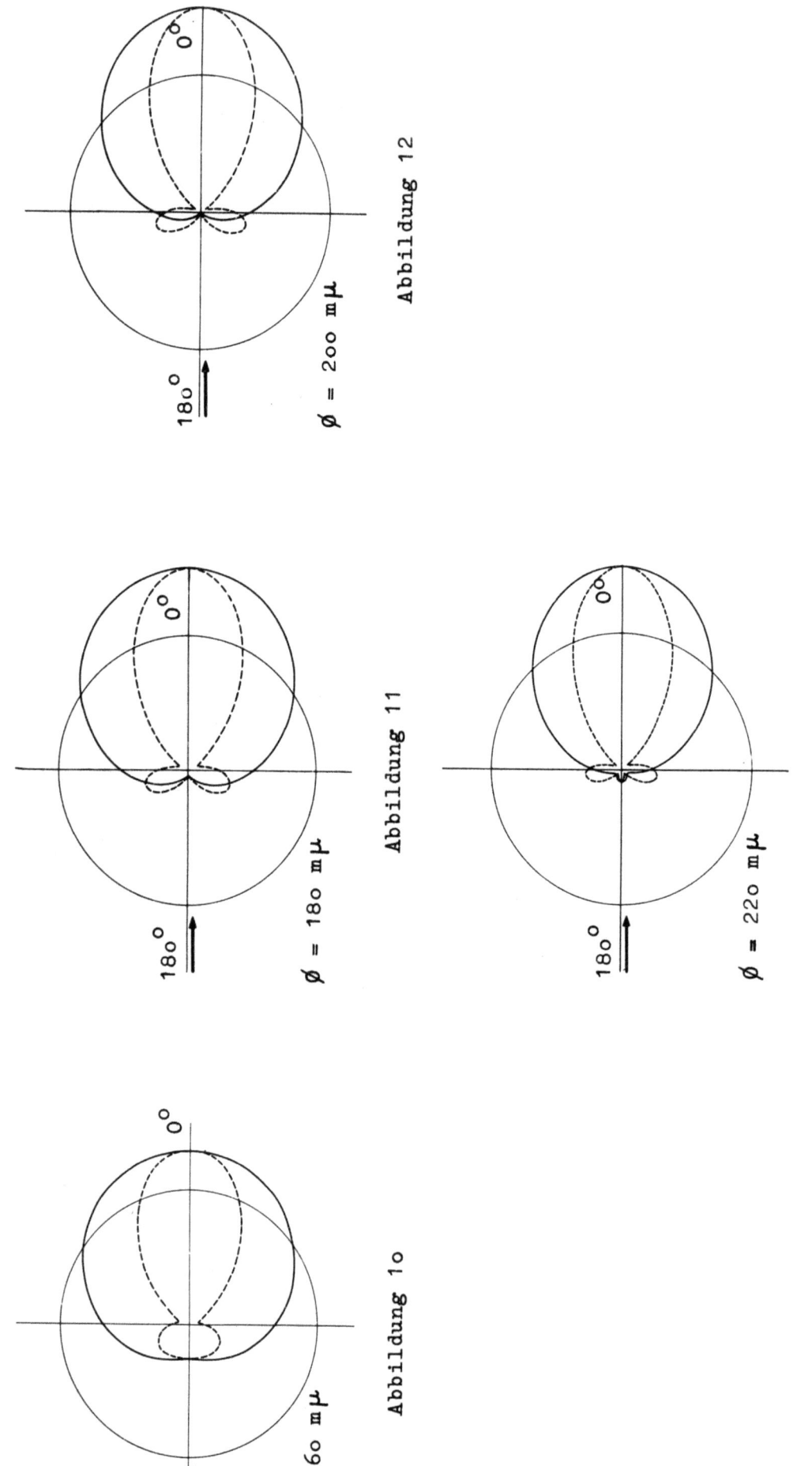

Abbildung 10 - 13

Polardiagramm der Streuung für Goldteilchen zwischen 160 bis 220 mµ (nach der Theorie von MIE berechnet)

ausgezogen: ——— Vertikalintensität V; gestrichelt: ---- Horizontalintensität H

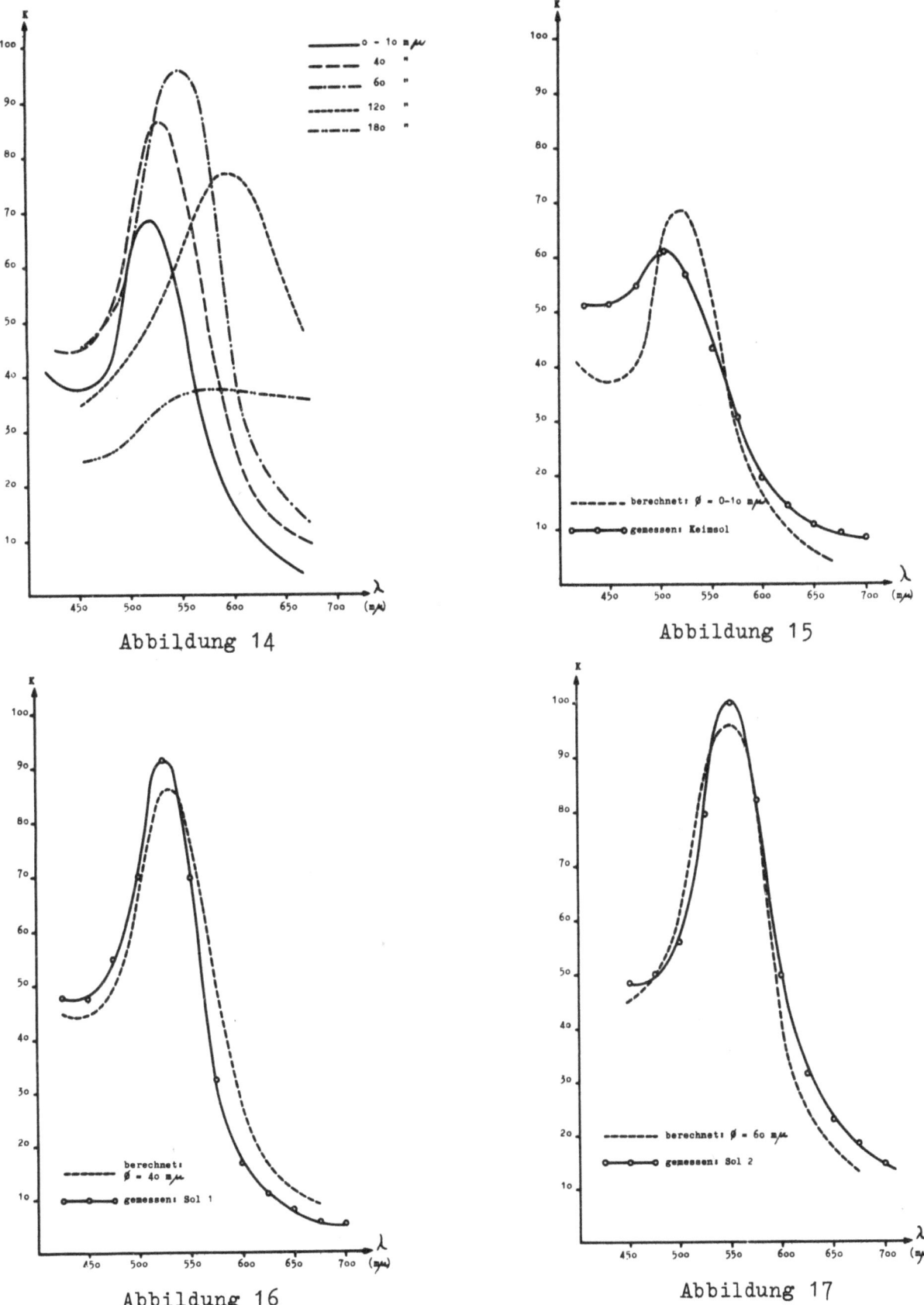

Abbildung 14 - 17

Lichtabsorption in Goldsolen verschiedener Teilchengröße als Funktion der Wellenlänge (totaler Absorptionskoeffizient K = Lichtverlust in Promille auf dem Weg von 1 mm durch ein Sol, in dem 1 mm³ Gold in 1 Liter Wasser enthalten sind)

Abbildung 14: Theoretische Kurven;
Abbildung 15 - 17: Vergleich: Theorie —— Experiment

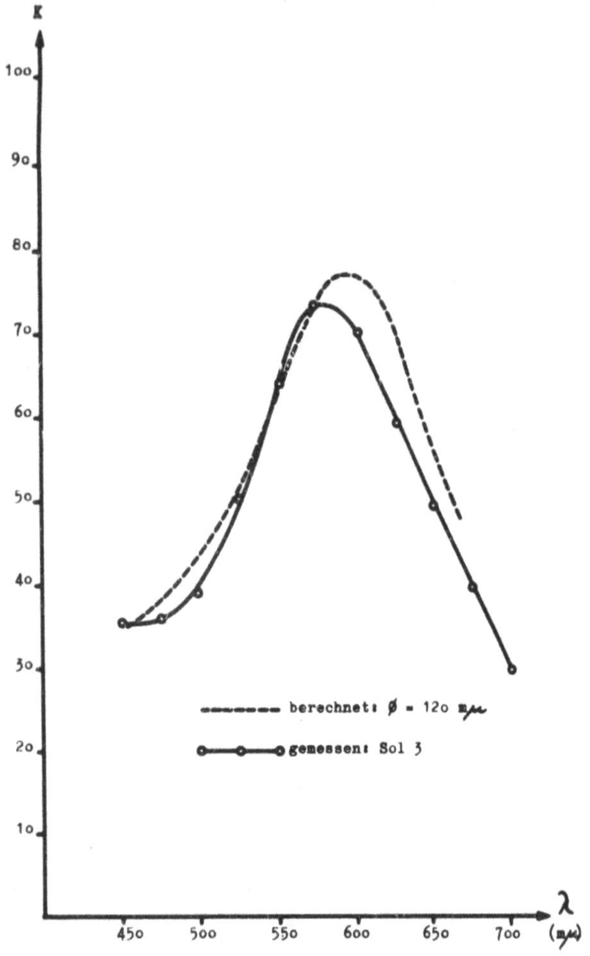

Abbildung 18

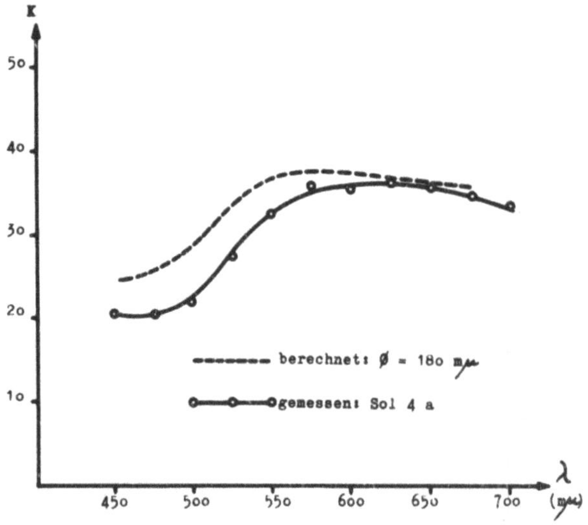

Abbildung 19

Abbildung 18 und 19
Lichtabsorption in Goldsolen als Funktion der Wellenlänge
Vergleich: Theorie ---- Experiment

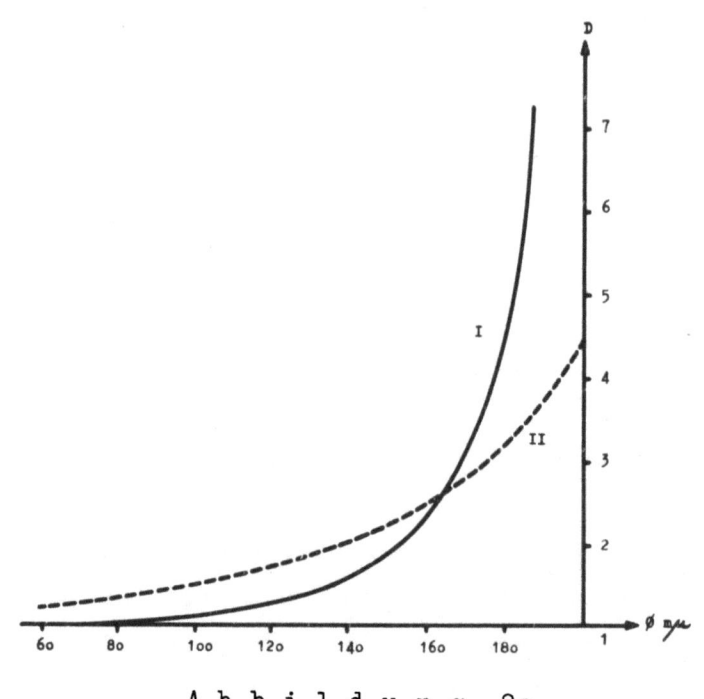

Abbildung 20
Disymmetriefaktor als Funktion der Teilchengröße

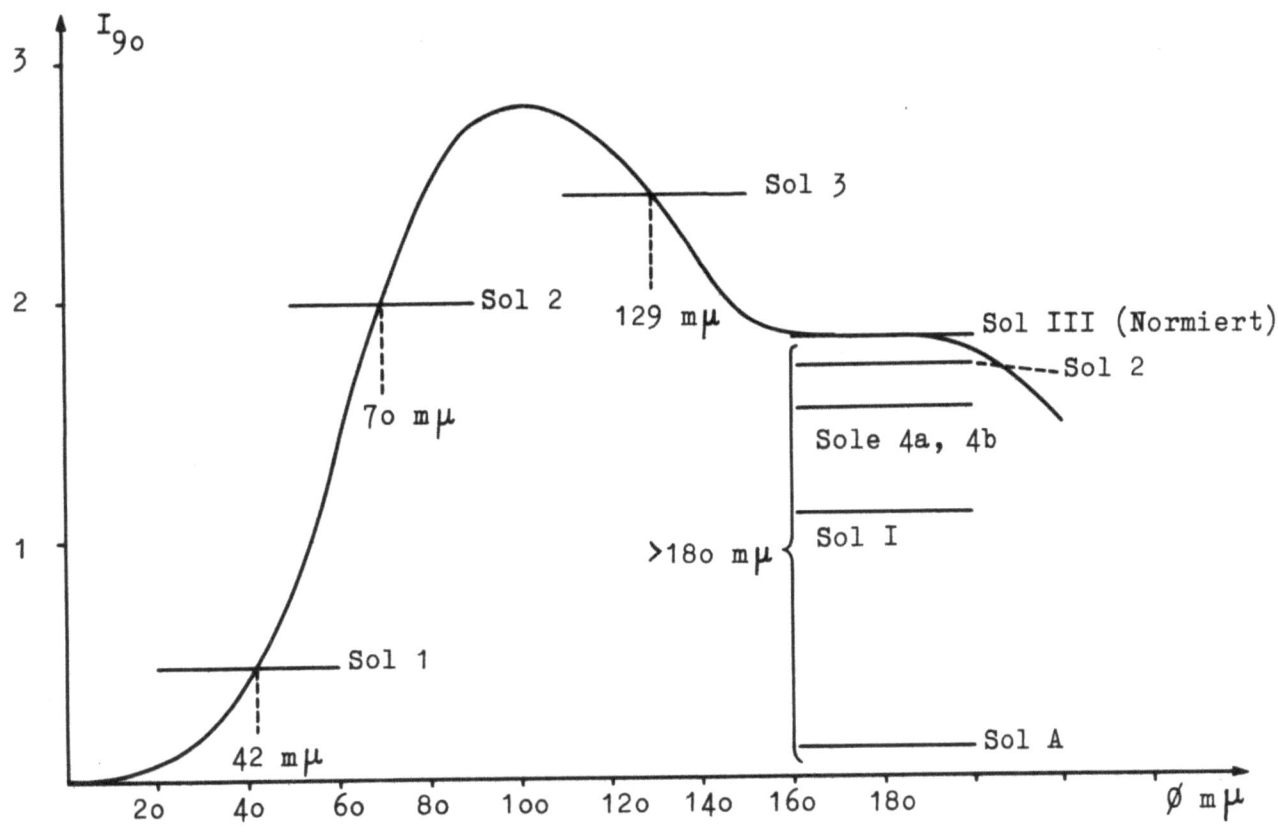

Abbildung 21

Abhängigkeit der unter 90° gestreuten Lichtintensität
von der Größe der Goldteilchen

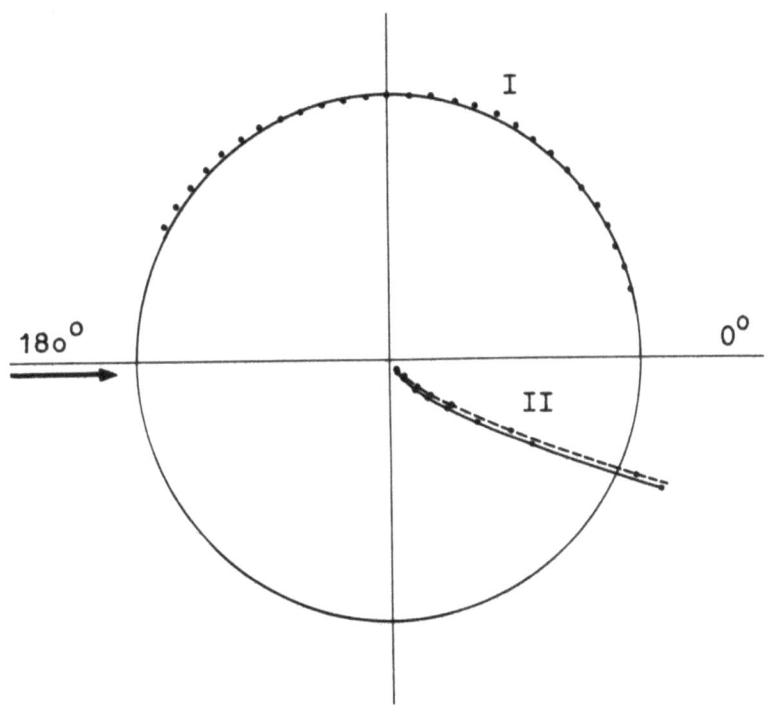

Abbildung 22

Kurve I Korrektur auf Rotationssymmetrie
Kurve II Korrektur auf Gefäßstreulicht

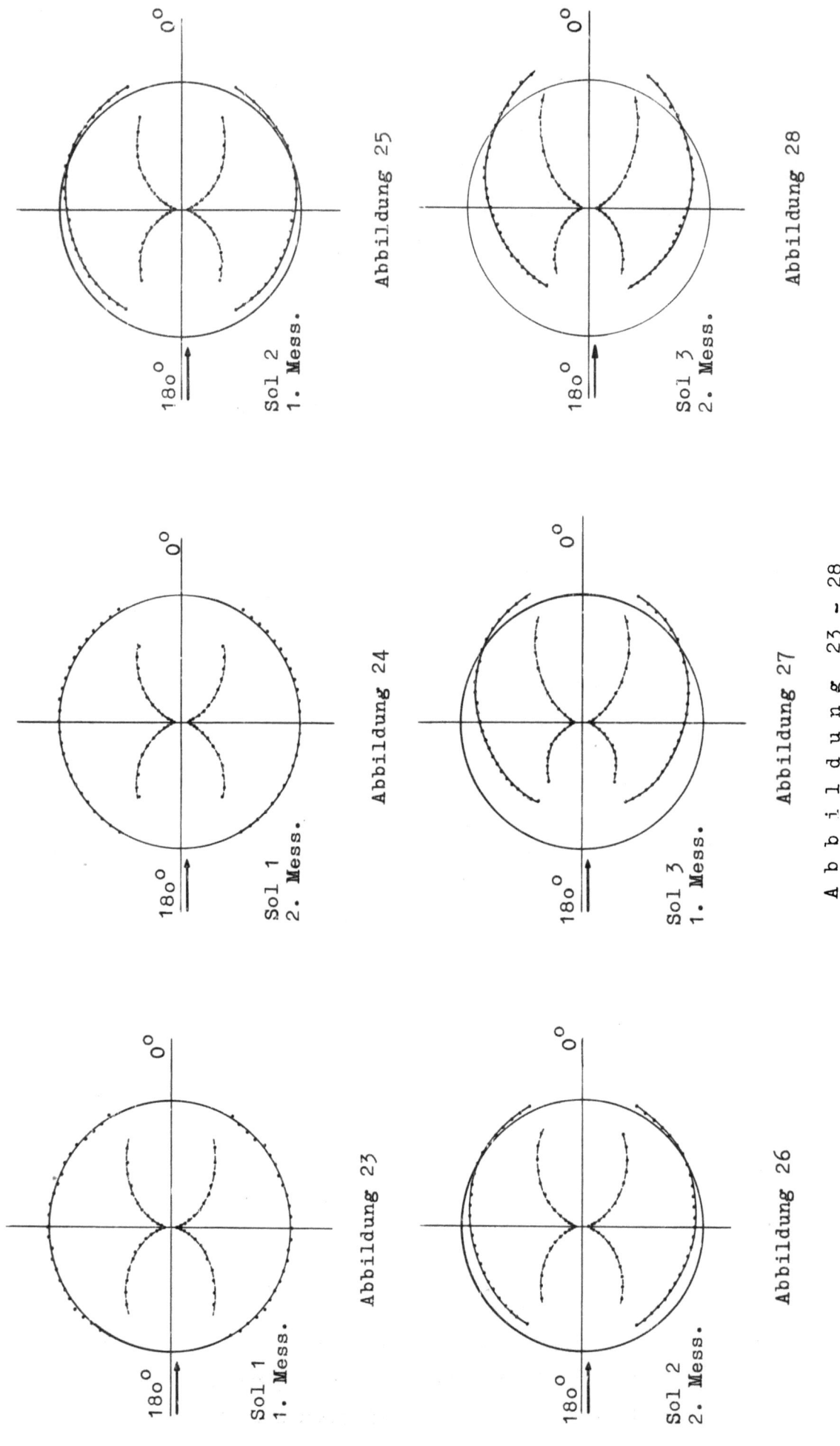

Abbildung 23 – 28

Gemessene Polardiagramme der Streuung: Goldsole mit einer mittleren Teilchengröße zwischen etwa 40 bis 120 mμ

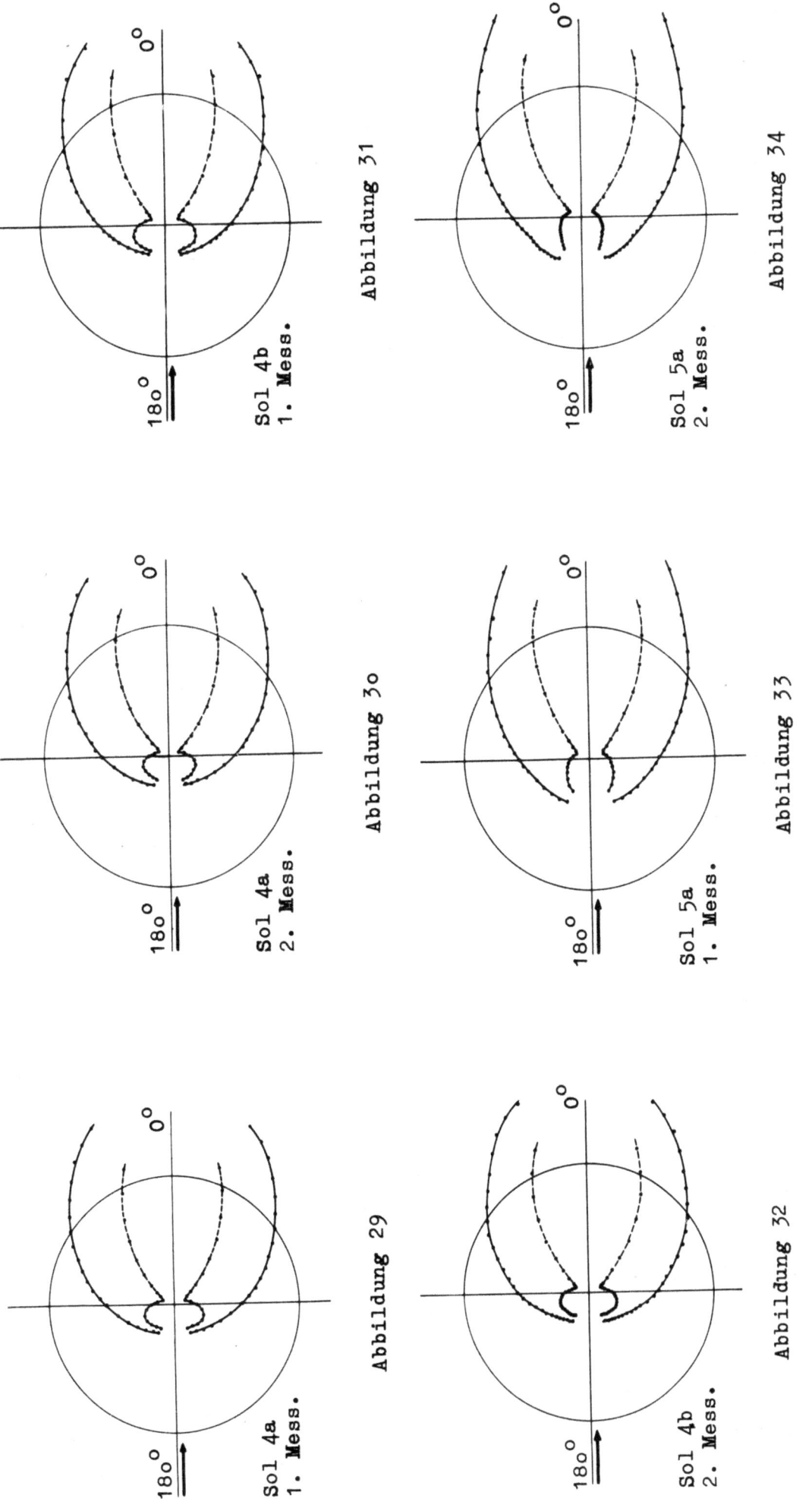

Abbildung 29 – 34

Gemessene Polardiagramme der Streuung: Goldsole mit einer mittleren Teilchengröße zwischen 120 bis 160 mμ

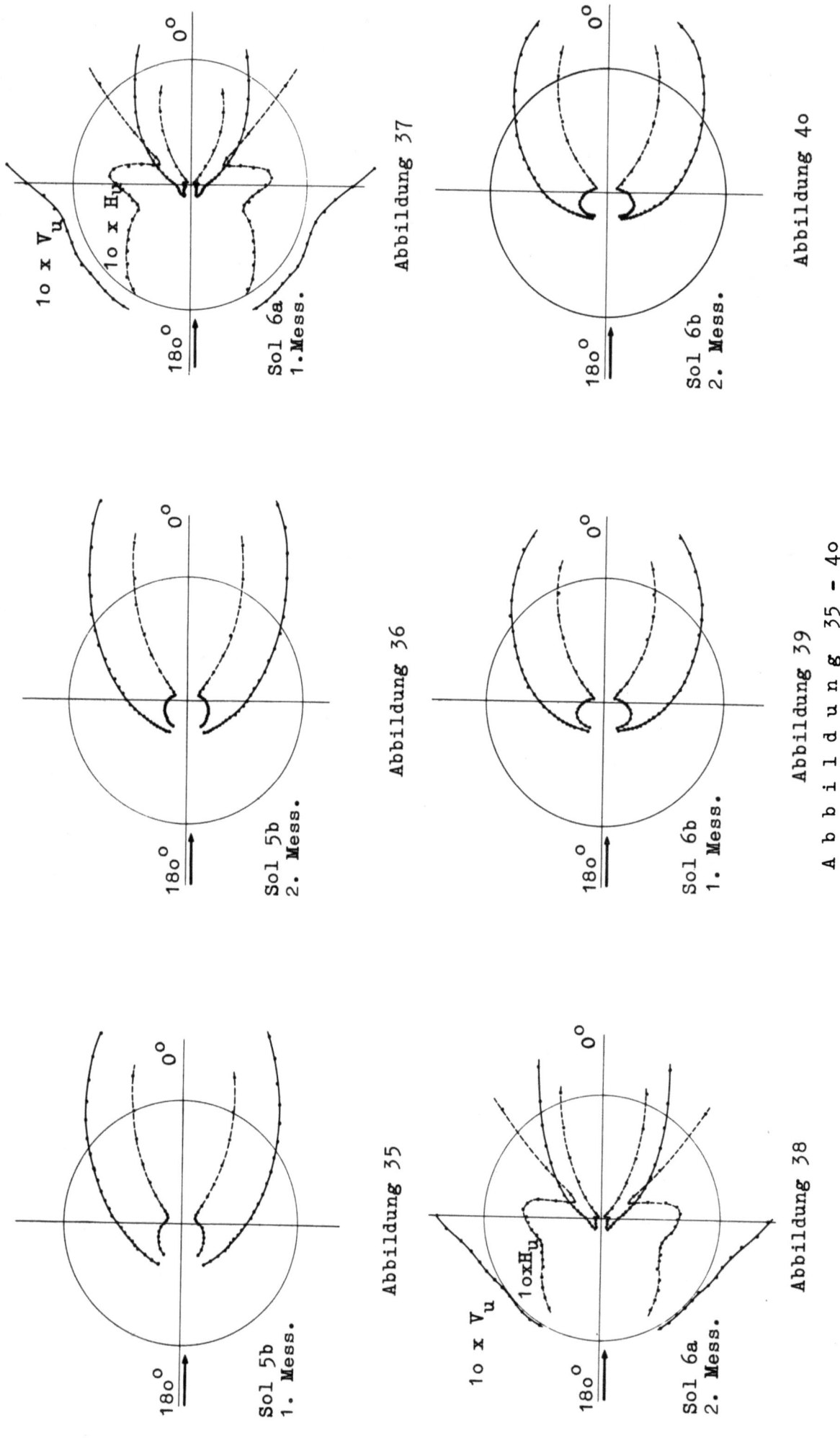

Abbildung 35 - 40

Gemessene Polardiagramme der Streuung

Abbildung 35, 36, 39 und 40: Teilchengrößen ~200 mµ; Abbildung 37 und 38: Teilchengrößen ~120 mµ

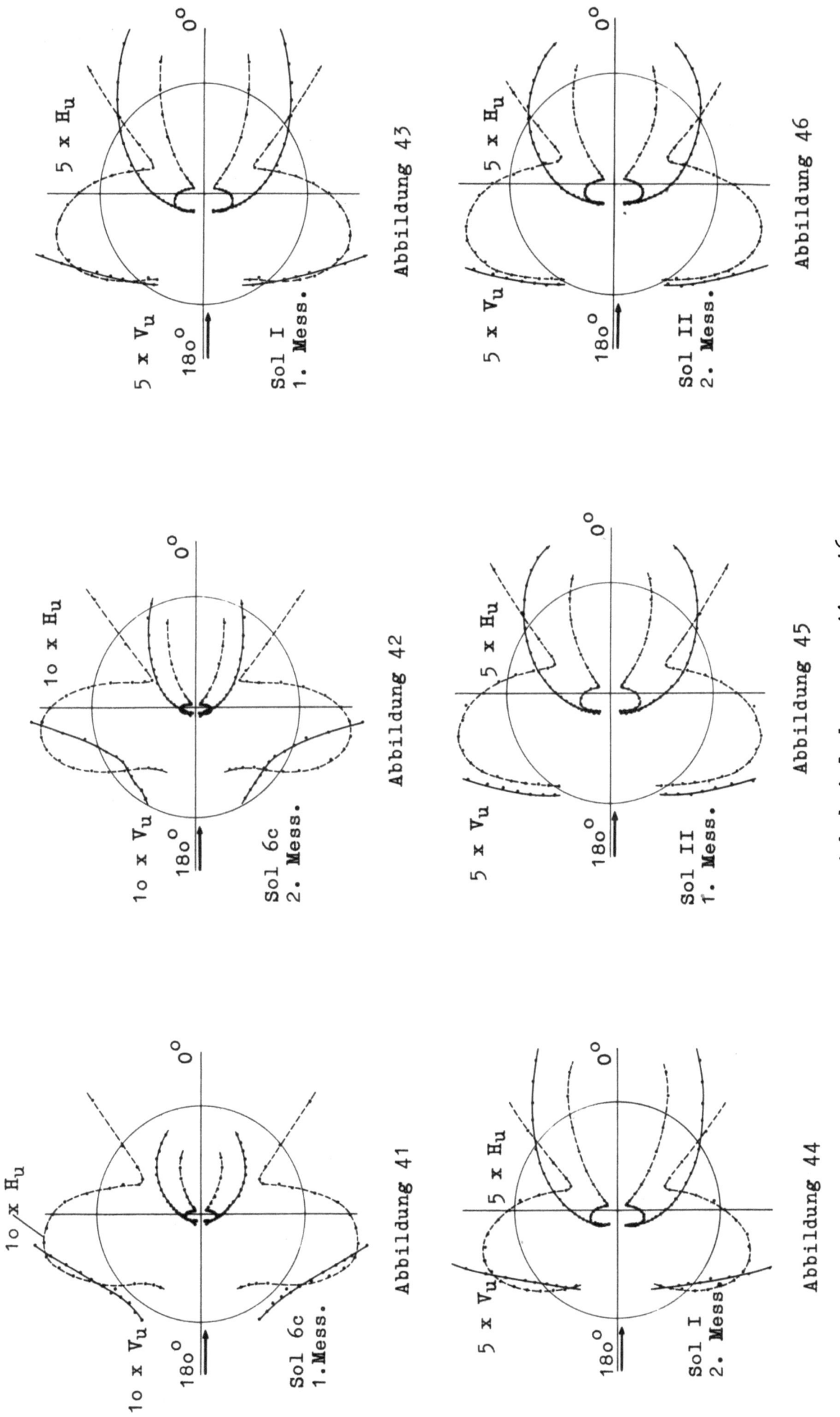

Abbildung 41 - 46

Gemessene Polardiagramme der Streuung: Teilchengrößen um 180 mµ

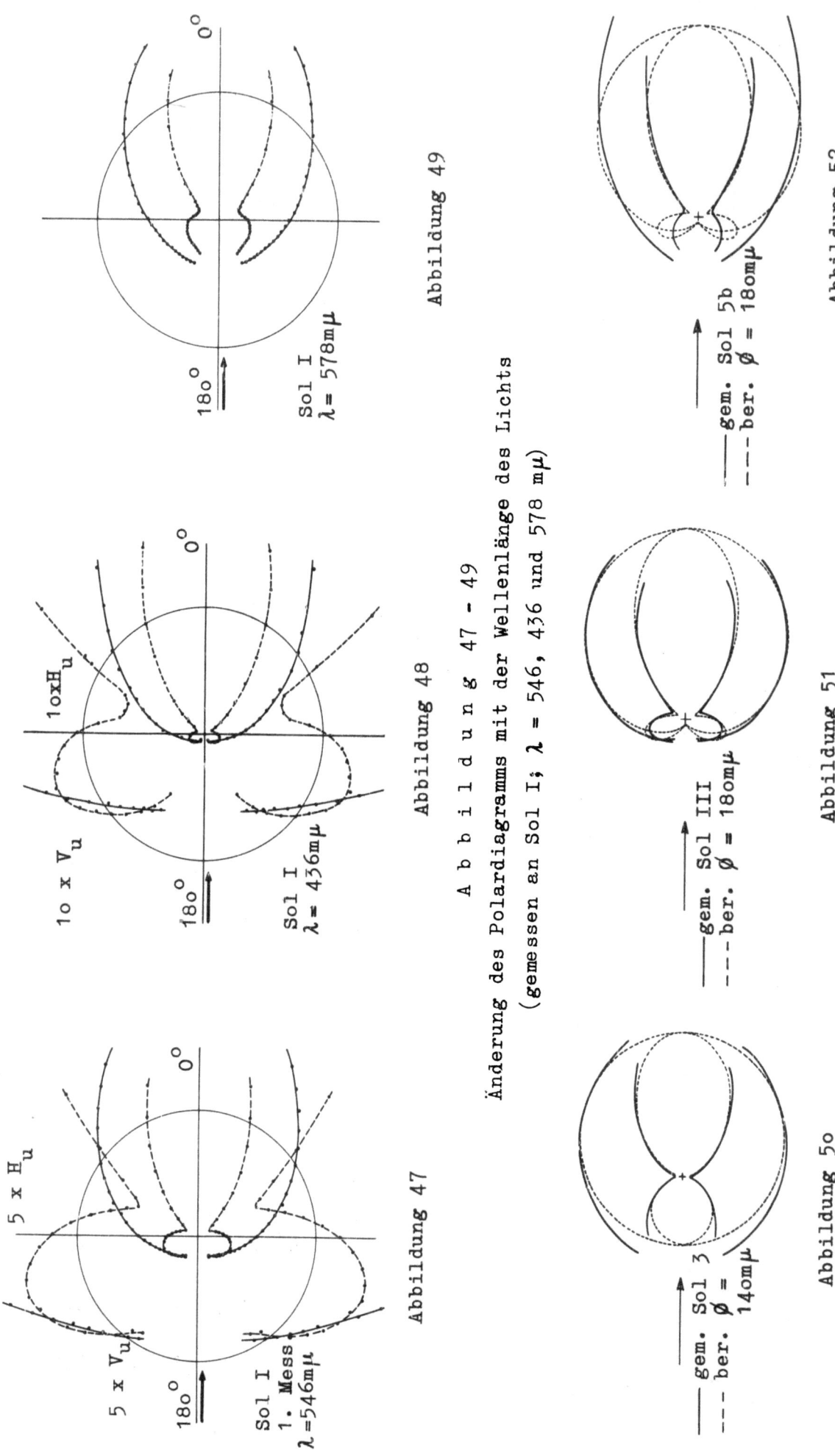

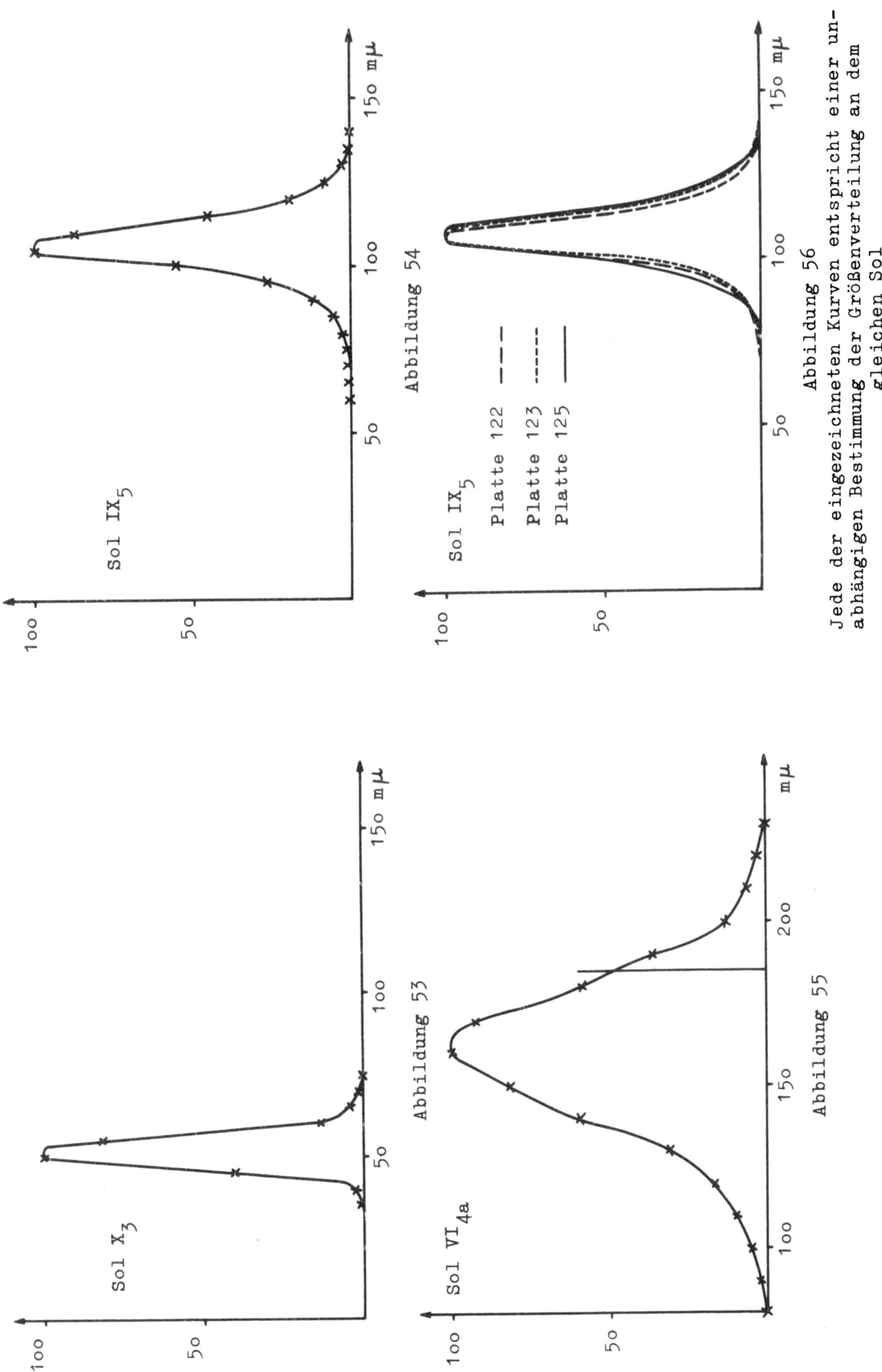

Abbildung 53 – 56

Jede der eingezeichneten Kurven entspricht einer unabhängigen Bestimmung der Größenverteilung an dem gleichen Sol

Beispiele von Messungen der Teilchengrößenverteilungen

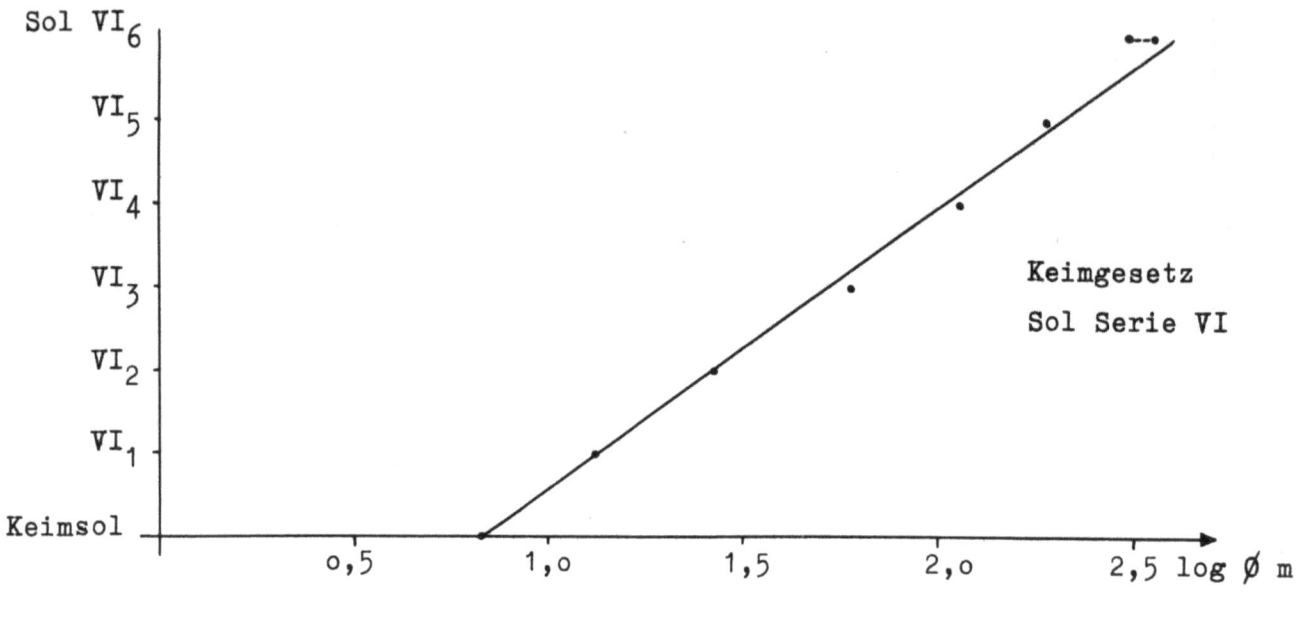

Abbildung 57

log der Teilchengröße $\emptyset_{m2}$ als Funktion der "Ordnungszahl" des Sols

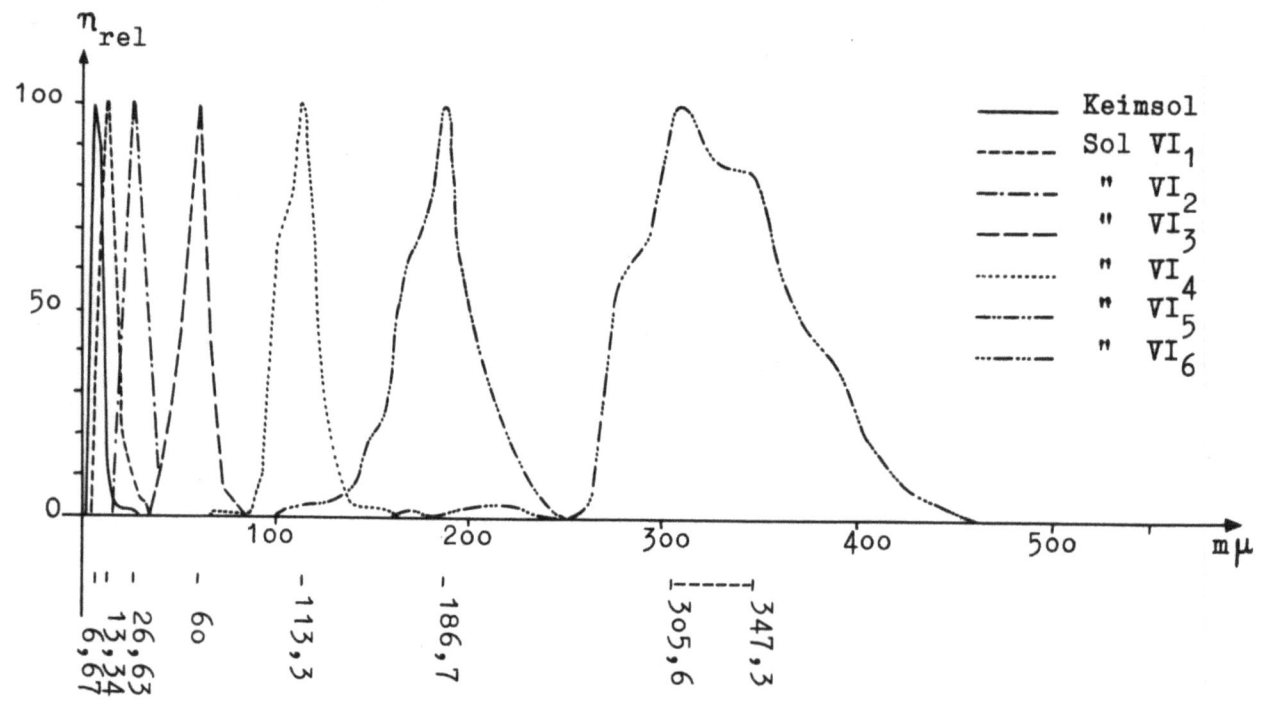

Abbildung 58

Teilchengrößenverteilung einer Generation von Solen

(maximale Häufigkeit bei allen Verteilungen willkürlich = 100 gesetzt)

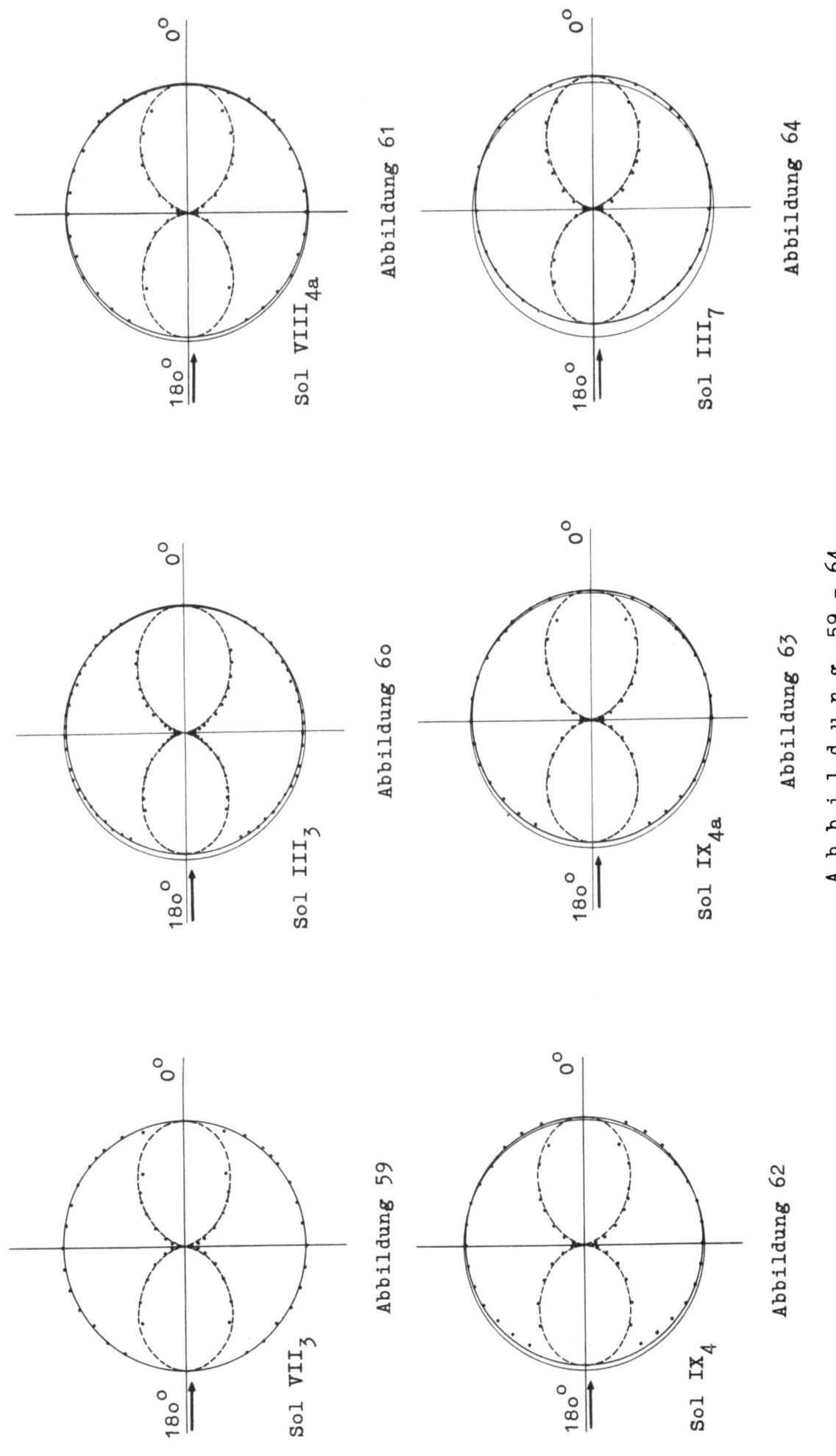

Abbildung 59 - 64

Vergleich der experimentell ermittelten Streuwerte mit den nach der Mie'schen Theorie berechneten
Kurven: Theorie; Meßpunkte: Experiment

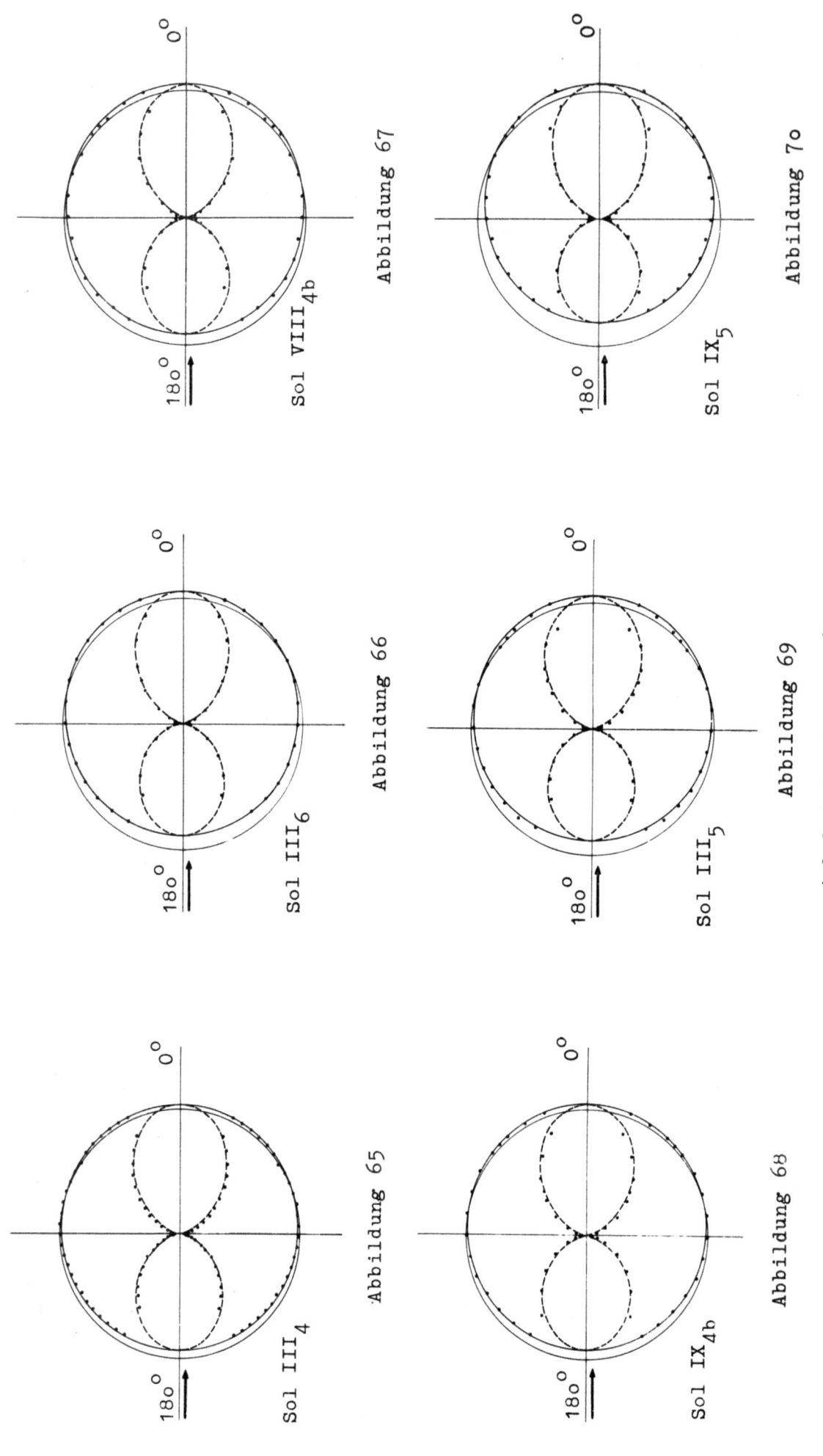

Abbildung 65 - 70

Vergleich der experimentell ermittelten Streuwerte mit den nach der Mie'schen Theorie berechneten

Kurven: Theorie; Meßpunkte: Experiment

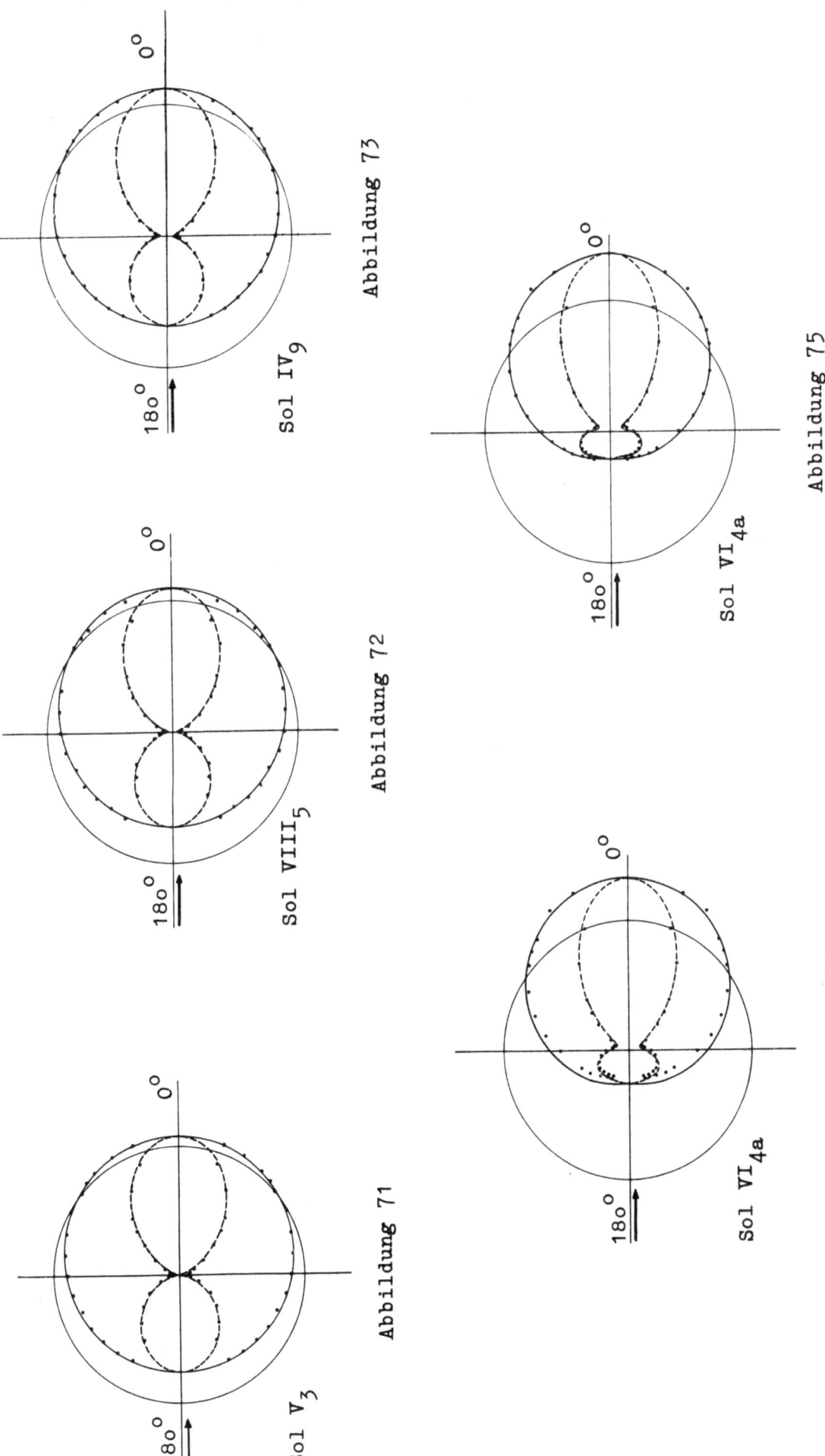

Abbildung 71 - 75   Vergleich der experimentell ermittelten Streuwerte mit den nach der Mie'schen Theorie berechneten

Kurven: Theorie; Meßpunkte: Experiment

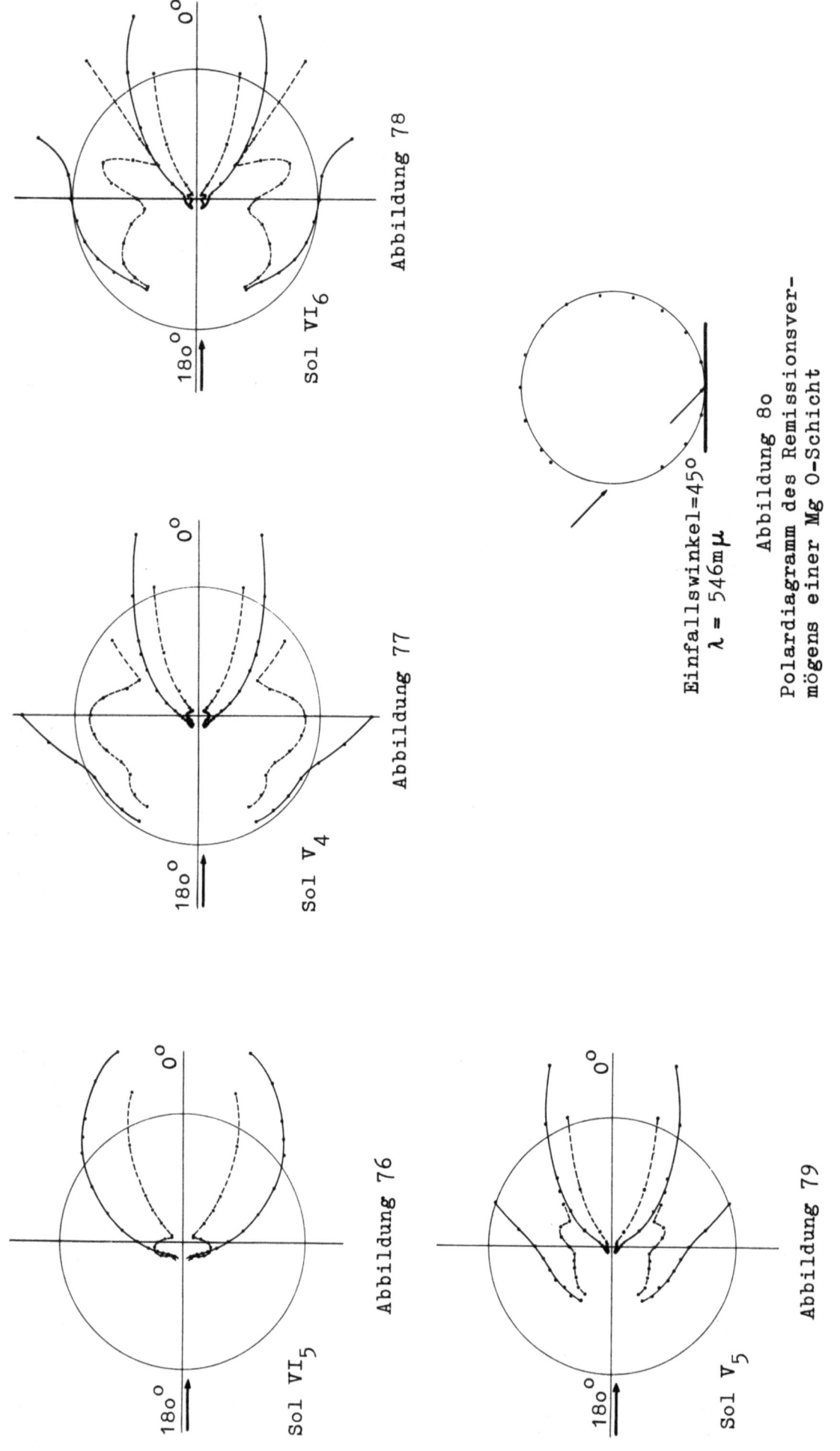

Einfallswinkel = 45°
$\lambda = 546 \, m\mu$

Abbildung 80
Polardiagramm des Remissionsvermögens einer Mg O-Schicht

A b b i l d u n g 76 - 79

Streudiagramme von Solen mit extrem großen Teilchen

Mittlerer Streudurchmesser in Abbildung 76: 187 mμ; 77: 250 mμ; 78: 310 mμ; 79: 330 mμ

FORSCHUNGSBERICHTE
DES WIRTSCHAFTS- UND VERKEHRSMINISTERIUMS
NORDRHEIN-WESTFALEN

Herausgegeben von Staatssekretär Prof. Leo Brandt

Heft 1:
Prof. Dr.-Ing. E. Flegler, Aachen
Untersuchungen oxydischer Ferromagnet-Werkstoffe

Heft 2:
Prof. Dr. W. Fuchs, Aachen
Untersuchungen über absatzfreie Teeröle

Heft 3:
Techn.-Wissenschaftl. Büro für die Bastfaserindustrie, Bielefeld
Untersuchungsarbeiten zur Verbesserung des Leinenwebstuhls

Heft 4:
Prof. Dr. E. A. Müller und Dipl.-Ing. H. Spitzer, Dortmund
Untersuchungen über die Hitzebelastung in Hüttebetrieben

Heft 5:
Dipl.-Ing. W. Fister, Aachen
Prüfstand der Turbinenuntersuchungen

Heft 6:
Prof. Dr. W. Fuchs, Aachen
Untersuchungen über die Zusammensetzung und Verwendbarkeit von Schwelteerfraktionen

Heft 7:
Prof. Dr. W. Fuchs, Aachen
Untersuchungen über emsländisches Petrolatum

Heft 8:
M. E. Meffert und H. Stratmann, Essen
Algen-Großkulturen im Sommer 1951

Heft 9:
Techn.-Wissenschaftl. Büro für die Bastfaserindustrie, Bielefeld
Untersuchungen über die zweckmäßige Wicklungsart von Leinengarnkreuzspulen unter Berücksichtigung der Anwendung hoher Geschwindigkeiten des Garnes
Vorversuche für Zetteln und Schären von Leinengarnen auf Hochleistungsmaschinen

Heft 10:
Prof. Dr. W. Vogel, Köln
„Das Streifenpaar" als neues System zur mechanischen Vergrößerung kleiner Verschiebungen und seine technischen Anwendungsmöglichkeiten

Heft 11:
Laboratorium für Werkzeugmaschinen und Betriebslehre, Technische Hochschule Aachen
1. Untersuchungen über Metallbearbeitung im Fräsvorgang mit Hartmetallwerkzeugen und negativem Spanwinkel
2. Weiterentwicklung des Schleifverfahrens für die Herstellung von Präzisionswerkstücken unter Vermeidung hoher Temperaturen
3. Untersuchung von Oberflächenveredlungsverfahren zur Steigerung der Belastbarkeit hochbeanspruchter Bauteile

Heft 12:
Elektrowärme-Institut, Langenberg (Rhld.)
Induktive Erwärmung mit Netzfrequenz

Heft 13:
Techn.-Wissenschaftl. Büro für die Bastfaserindustrie, Bielefeld
Das Naßspinnen von Bastfasergarnen mit chemischen Zusätzen zum Spinnbad

Heft 14:
Forschungsstelle für Acetylen, Dortmund
Untersuchungen über Aceton als Lösungsmittel für Acetylen

Heft 15:
Wäschereiforschung Krefeld
Trocknen von Wäschestoffen

Heft 16:
Max-Planck-Institut für Kohlenforschung, Mülheim a. d. Ruhr
Arbeiten des MPI für Kohlenforschung

Heft 17:
Ingenieurbüro Herbert Stein, M. Gladbach
Untersuchung der Verzugsvorgänge in den Streckwerken verschiedener Spinnereimaschinen. 1. Bericht: Vergleichende Prüfung mit verschiedenen Dickenmeßgeräten

Heft 18:
Wäschereiforschung Krefeld
Grundlagen zur Erfassung der chemischen Schädigung beim Waschen

Heft 19:
Techn.-Wissenschaftl. Büro für die Bastfaserindustrie, Bielefeld
Die Auswirkung des Schlichtens von Leinengarnketten auf den Verarbeitungswirkungsgrad, sowie die Festigkeit und Dehnungsverhältnisse der Garne und Gewebe

Heft 20:
Techn.-Wissenschaftl. Büro für die Bastfaserindustrie, Bielefeld
Trocknung von Leinengarnen I
Vorgang und Einwirkung auf die Garnqualität

Heft 21:
Techn.-Wissenschaftl. Büro für die Bastfaserindustrie, Bielefeld
Trocknung von Leinengarnen II
Spulenanordnung und Luftführung beim Trocknen von Kreuzspulen

Heft 22:
Techn.-Wissenschaftl. Büro für die Bastfaserindustrie, Bielefeld
Die Reparaturanfälligkeit von Webstühlen

Heft 23:
Institut für Starkstromtechnik, Aachen
Rechnerische und experimentelle Untersuchungen zur Kenntnis der Metadyne als Umformer von konstanter Spannung auf konstanten Strom

Heft 24:
Institut für Starkstromtechnik, Aachen
Vergleich verschiedener Generator-Metadyne-Schaltungen in bezug auf statisches Verhalten

Heft 25:
Gesellschaft für Kohlentechnik mbH., Dortmund-Eving
Struktur der Steinkohlen und Steinkohlen-Kokse

Heft 26:
Techn.-Wissenschaftl. Büro für die Bastfaserindustrie, Bielefeld
Vergleichende Untersuchungen zweier neuzeitlicher Ungleichmäßigkeitsprüfer für Bänder und Garne hinsichtlich ihrer Eignung für die Bastfaserspinnerei

Heft 27:
Prof. Dr. E. Schratz, Münster
Untersuchungen zur Rentabilität des Arzneipflanzenanbaues Römische Kamille, Anthemis nobilis L.

Heft 28:
Prof. Dr. E. Schratz, Münster
Calendula officinalis L. Studien zur Ernährung, Blütenfüllung und Rentabilität der Drogengewinnung

Heft 29:
Techn.-Wissenschaftl. Büro für die Bastfaserindustrie, Bielefeld
Die Ausnützung der Leinengarne in Geweben

Heft 30:
Gesellschaft für Kohlentechnik mbH., Dortmung-Eving
Kombinierte Entaschung und Verschwelung von Steinkohle; Aufarbeitung von Steinkohlenschlämmen zu verkokbarer oder verschwelbarer Kohle

Heft 31:
Dipl.-Ing. Störmann, Essen
Messung des Leistungsbedarfs von Doppelsteg-Kettenförderern

Heft 32:
Techn.-Wissenschaftl. Büro für die Bastfaserindustrie, Bielefeld
Der Einfluß der Natriumchloridbleiche auf Qualität und Verwebbarkeit von Leinengarnen und die Eigenschaften der Leinengewebe unter besonderer Berücksichtigung des Einsatzes von Schützen- und Spulenwechselautomaten in der Leinenweberei

Heft 33:
Kohlenstoffbiologische Forschungsstation e. V.
Eine Methode zur Bestimmung von Schwefeldioxyd und Schwefelwasserstoff in Rauchgasen und in der Atmosphäre

Heft 34:
Textilforschungsanstalt Krefeld
Quellungs- und Entquellungsvorgänge bei Faserstoffen

Heft 35:
Professor Dr. W. Kast, Krefeld
Feinstrukturuntersuchungen an künstlichen Zellulosefasern verschiedener Herstellungsverfahren

Heft 36:
Forschungsinstitut der feuerfesten Industrie, Bonn
Untersuchungen über die Trocknung von Rohton
Untersuchungen über die chemische Reinigung von Silika- und Schamotte-Rohstoffen mit chlorhaltigen Gasen

Heft 37:
Forschungsinstitut der feuerfesten Industrie, Bonn
Untersuchungen über den Einfluß der Probenvorbereitung auf die Kaltdruckfestigkeit feuerfester Steine

Heft 38:
Forschungsstelle für Acetylen, Dortmund
Untersuchungen über die Trocknung von Acetylen zur Herstellung von Dissousgas

Heft 39:
Forschungsgesellschaft Blechverarbeitung e. V., Düsseldorf
Untersuchungen an prägegemusterten und vorgelochten Blechen

Heft 40:
Landesgeologe Dr.-Ing. W. Wolff, Amt für Bodenforschung, Krefeld
Untersuchungen über die Anwendbarkeit geophysikalischer Verfahren zur Untersuchung von Spateisengängen im Siegerland

Heft 41:
Techn.-Wissenschaftl. Büro für die Bastfaserindustrie, Bielefeld
Untersuchungsarbeiten zur Verbesserung des Leinenwebstuhles II

Heft 42:
Professor Dr. B. Helferich, Bonn
Untersuchungen über Wirkstoffe — Fermente — in der Kartoffel und die Möglichkeit ihrer Verwendung

Heft 43:
Forschungsgesellschaft Blechverarbeitung e. V., Düsseldorf
Forschungsergebnisse über das Beizen von Blechen

Heft 44:
Arbeitsgemeinschaft für praktische Dehnungsmessung, Düsseldorf
Eigenschaften und Anwendungen von Dehnungsmeßstreifen

Heft 45:
Losenhausenwerk Düsseldorfer Maschinenbau AG., Düsseldorf
Untersuchungen von störenden Einflüssen auf die Lastgrenzenanzeige von Dauerschwingprüfmaschinen

Heft 46:
Prof. Dr. W. Fuchs, Aachen
Untersuchungen über die Aufbereitung von Wasser für die Dampferzeugung in Benson-Kesseln

Heft 47:
Prof. Dr.-Ing. K. Krekeler, Aachen
Versuche über die Anwendung der induktiven Erwärmung zum Sintern von hochschmelzenden Metallen sowie zur Anlegierung und Vergütung von aufgespritzten Metallschichten mit dem Grundwerkstoff

Heft 48:
Max-Planck-Institut für Eisenforschung, Düsseldorf
Spektrochemische Analyse der Gefügebestandteile in Stählen nach ihrer Isolierung

Heft 49:
Max-Planck-Institut für Eisenforschung, Düsseldorf
Untersuchungen über Ablauf der Desoxydation und die Bildung von Einschlüssen in Stählen

Heft 50:
Max-Planck-Institut für Eisenforschung, Düsseldorf
Flammenspektralanalytische Untersuchung der Ferritzusammensetzung in Stählen

Heft 51:
Verein zur Förderung von Forschungs- und Entwicklungsarbeiten in der Werkzeugindustrie e. V., Remscheid
Untersuchungen an Kreissägeblättern für Holz, Fehler- und Spannungsprüfverfahren

Heft 52:
Forschungsstelle für Azetylen, Dortmund
Untersuchungen über den Umsatz bei der explosiblen Zersetzung von Azetylen
a) Zersetzung von gasförmigem Azetylen,
b) Zersetzung von an Silikagel adsorbiertem Azetylen

Heft 53:
Professor Dr.-Ing. H. Opitz, Aachen
Reibwert- und Verschleißmessungen an Kunststoffgleitführungen für Werkzeugmaschinen

Heft 54:
Professor Dr.-Ing. F. A. F. Schmidt, Aachen
Schaffung von Grundlagen für die Erhöhung der spez. Leistung und Herabsetzung des spez. Brennstoffverbrauches bei Ottomotoren mit Teilbericht über Arbeiten an einem neuen Einspritzverfahren

Heft 55:
Forschungsgesellschaft Blechverarbeitung e. V., Düsseldorf
Chemisches Glänzen von Messing und Neusilber

Heft 56:
Forschungsgesellschaft Blechverarbeitung e. V., Düsseldorf
Untersuchungen über einige Probleme der Behandlung von Blechoberflächen

Heft 57:
Prof. Dr.-Ing. F. A. F. Schmidt, Aachen
Untersuchungen zur Erforschung des Einflusses des chemischen Aufbaues des Kraftstoffes auf sein Verhalten im Motor und in Brennkammern von Gasturbinen

Heft 58:
Gesellschaft für Kohlentechnik m. b. H., Dortmund
Herstellung und Untersuchung von Steinkohlenschwelteer

Heft 59:
Forschungsinstitut der Feuerfest-Industrie e.V., Bonn
Ein Schnellanalysenverfahren zur Bestimmung von Aluminiumoxyd, Eisenoxyd und Titanoxyd in feuerfestem Material mittels organischer Farbreagenzien auf photometrischem Wege
Untersuchungen des Alkali-Gehaltes feuerfester Stoffe mit dem Flammenphotometer nach Riehm-Lange

Heft 60:
Forschungsgesellschaft Blechverarbeitung e. V., Düsseldorf
Untersuchungen über das Spritzlackieren im elektrostatischen Hochspannungsfeld

Heft 61:
Verein zur Förderung von Forschungs- und Entwicklungsarbeiten in der Werkzeugindustrie e. V., Remscheid
Schwingungs- und Arbeitsverhalten von Kreissägeblättern für Holz

Heft 62:
Professor Dr. W. Franz, Institut für theoretische Physik der Universität Münster
Berechnung des elektrischen Durchschlags durch feste und flüssige Isolatoren

Heft 63:
Textilforschungsanstalt Krefeld
Neue Methoden zur Untersuchung der Wirkungsweise von Textilhilfsmitteln
Untersuchungen über Schlichtungs- und Entschlichtungsvorgänge

Heft 64:
Textilforschungsanstalt Krefeld
Die Kettenlängenverteilung von hochpolymeren Faserstoffen
Über die fraktionierte Fällung von Polyamiden

Heft 65:
Fachverband Schneidwarenindustrie, Solingen
Untersuchungen über das elektrolytische Polieren von Tafelmesserklingen aus rostfreiem Stahl

Heft 66:
Dr.-Ing. P. Füsgen VDI †, Düsseldorf
Untersuchungen über das Auftreten des Ratterns bei selbsthemmenden Schneckengetrieben und seine Verhütung

Heft 67:
Heinrich Wösthoff o. H. G., Apparatebau, Bochum
Entwicklung einer chemisch-physikalischen Apparatur zur Bestimmung kleinster Kohlenoxyd-Konzentrationen

Heft 68:
Kohlenstoffbiologische Forschungsstation e. V., Essen
Algengroßkulturen im Sommer 1952
II. Über die unsterile Großkultur von Scenedesmus obliquus

Heft 69:
Wäschereiforschung Krefeld
Bestimmung des Faserabbaues bei Leinen unter besonderer Berücksichtigung der Leinengarnbleiche

Heft 70:
Wäschereiforschung Krefeld
Trocknen von Wäschestoffen

Heft 71:
Prof. Dr.-Ing. K. Leist, Aachen
Kleingasturbinen, insbesondere zum Fahrzeugantrieb

Heft 72:
Prof. Dr.-Ing. K. Leist, Aachen
Beitrag zur Untersuchung von stehenden geraden Turbinengittern mit Hilfe von Druckverteilungsmessungen

Heft 73:
Prof. Dr.-Ing. K. Leist, Aachen
Spannungsoptische Untersuchungen von Turbinenschaufelfüßen

Heft 74:
Max-Planck-Institut für Eisenforschung, Düsseldorf
Versuche zur Klärung des Umwandlungsverhaltens eines sonderkarbidbildenden Chromstahls

Heft 75:
Max-Planck-Institut für Eisenforschung, Düsseldorf
Zeit-Temperatur-Umwandlungs-Schaubilder als Grundlage der Wärmebehandlung der Stähle

Heft 76:
Max-Planck-Institut für Arbeitsphysiologie, Dortmund
Arbeitstechnische und arbeitsphysiologische Rationalisierung von Mauersteinen

Heft 77:
Meteor Apparatebau Paul Schmeck G. m. b H., Siegen
Entwicklung von Leuchtstoffröhren hoher Leistung

Heft 78:
Forschungsstelle für Acetylen, Dortmund
Über die Zustandsgleichung des gasförmigen Acetylens und das Gleichgewicht Acetylen — Aceton

Heft 79:
Techn.-Wissenschaftl. Büro für die Bastfaserindustrie, Bielefeld
Trocknung von Leinengarnen III
Spinnspulen- und Spinnkopstrocknung
Vorgang und Einwirkung auf die Garnqualität

Heft 80:
Techn.-Wissenschaftl. Büro für die Bastfaserindustrie, Bielefeld
Die Verarbeitung von Leinengarn auf Webstühlen mit und ohne Oberbau

Heft 81:
Prüf- und Forschungsinstitut für Ziegeleierzeugnisse, Essen-Kray
Die Einführung des großformatigen Einheits-Gitterziegels im Lande Nordrhein-Westfalen

Heft 82:
Vereinigte Aluminium-Werke AG., Bonn
Forschungsarbeiten auf dem Gebiet der Veredelung von Aluminium-Oberflächen

Heft 83:
Prof. Dr. S. Strugger, Münster
Über die Struktur der Proplastiden

Heft 84:
Dr. H. Baron, Düsseldorf
Über Standardisierung von Wundtextilien

Heft 85:
Textilforschungsanstalt Krefeld
Physikalische Untersuchungen an Fasern, Fäden, Garnen und Geweben:
Untersuchungen am Knickscheuergerät nach Weltzien

Heft 86:
Prof. Dr.-Ing. H. Opitz, Aachen
Untersuchungen über das Fräsen von Baustahl sowie über den Einfluß des Gefüges auf die Zerspanbarkeit

Heft 87:
Gemeinschaftsausschuß Verzinken, Düsseldorf
Untersuchungen über Güte von Verzinkungen

Heft 88:
Gesellschaft für Kohlentechnik mbH., Dortmund-Eving
Oxydation von Steinkohle mit Salpetersäure

Heft 89:
Verein Deutscher Ingenieure, Gleitlagerforschung, Düsseldorf und Prof. Dr.-Ing. G. Vogelpohl, Göttingen
Versuche mit Preßstoff-Lagern für Walzwerke

Heft 90:
Forschungs-Institut der Feuerfest-Industrie, Bonn
Das Verhalten von Silikasteinen im Siemens-Martin-Ofengewölbe

Heft 91:
Forschungs-Institut der Feuerfest-Industrie, Bonn
Untersuchungen des Zusammenhangs zwischen Leistung und Kohlenverbrauch von Kammeröfen zum Brennen von feuerfesten Materialien

Heft 92:
Techn.-Wissenschaftl. Büro für die Bastfaserindustrie, Bielefeld und Laboratorium für textile Meßtechnik, M.-Gladbach
Messungen von Vorgängen am Webstuhl

Heft 93:
Prof. Dr. W. Kast, Krefeld
Spinnversuche zur Strukturerfassung künstlicher Zellulosefasern

Heft 94:
Prof. Dr. G. Winter, Bonn
Die Heilpflanzen des MATTHIOLUS (1611) gegen Infektionen der Harnwege und Verunreinigung der Wunden bzw. zur Förderung der Wundheilung im Lichte der Antibiotikaforschung

Heft 95:
Prof. Dr. G. Winter, Bonn
Untersuchungen über die flüchtigen Antibiotika aus der Kapuziner- (Tropaeolum maius) und Gartenkresse (Lepidium sativum) und ihr Verhalten im menschlichen Körper bei Aufnahme von Kapuziner- bzw. Gartenkressensalat per os

Heft 96:
Dr.-Ing. P. Koch, Dortmund
Austritt von Exoelektronen aus Metalloberflächen unter Berücksichtigung der Verwendung des Effektes für die Materialprüfung

Heft 97:
Ing. H. Stein, Laboratorium für textile Meßtechnik, M.-Gladbach
Untersuchung der Verzugsvorgänge an den Streckwerken verschiedener Spinnereimaschinen
2. Bericht: Ermittlung der Haft-Gleiteigenschaften von Faserbändern und Vorgarnen

Heft 98:
Fachverband Gesenkschmieden, Hagen
Die Arbeitsgenauigkeit beim Gesenkschmieden unter Hämmern

Heft 99:
Prof. Dr.-Ing. G. Garbotz, Aachen
Der Kraft- und Arbeitsaufwand sowie die Leistungen beim Biegen von Bewehrungsstählen in Abhängigkeit von den Abmessungen, den Formen und der Güte der Stähle (Ermittlung von Leistungsrichtlinien)

Heft 100:
Prof. Dr.-Ing. H. Opitz, Aachen
Untersuchungen von elektrischen Antrieben, Steuerungen und Regelungen an Werkzeugmaschinen

Heft 101:
Prof. Dr.-Ing. H. Opitz, Aachen
Wirtschaftlichkeitsbetrachtungen beim Außenrundschleifen

Heft 102:
Dr. P. Hölemann, Ing. R. Hasselmann und Ing. G. Dix, Dortmund
Untersuchungen über die thermische Zündung von explosiblen Acetylenzersetzungen in Kapillaren

Heft 103:
Prof. Dr. W. Weizel, Bonn
Durchführung von experimentellen Untersuchungen über den zeitlichen Ablauf von Funken in komprimierten Edelgasen sowie zu deren mathematischen Berechnung

Heft 104:
Prof. Dr. W. Weizel, Bonn
Über den Einfluß der Elektroden auf die Eigenschaften von Cadmium-Sulfid-Widerstands-Photozellen

Heft 105:
Dr.-Ing. R. Meldau, Harsewinkel/Westf.
Auswertung von Gekörn — Analysen des Musterstaubes „Flugasche Fortuna I"

Heft 106:
ORR. Dr.-Ing. W. Küch, Dortmund
Untersuchungen über die Einwirkung von feuchtigkeitsgesättigter Luft auf die Festigkeit von Leimverbindungen

Heft 107:
Prof. Dr. H. Lange und Dipl.-Phys. P. St. Pütter, Köln
Über die Konstruktion von Laboratoriumsmagneten

Heft 108:
Prof. Dr. W. Fuchs, Aachen
Untersuchungen über neue Beizmethoden und Beizabwässer
I. Die Entzunderung von Drähten mit Natriumhydrid
II. Die Aufbereitung von Beizabwässern

Heft 109:
Dr. P. Hölemann und Ing. R. Hasselmann, Dortmund
Untersuchungen über die Löslichkeit von Azetylen in verschiedenen organischen Lösungsmitteln

Heft 110:
Dr. P. Hölemann und Ing. R. Hasselmann, Dortmund
Untersuchungen über den Druckverlauf bei der explosiblen Zersetzung von gasförmigem Azetylen

Heft 111:
Fachverband Steinzeugindustrie, Köln
Die Entwicklung eines Gerätes zur Beschickung seitlicher Feuer von Steinzeug-Einzelkammeröfen mit festen Brennstoffen

Heft 112:
Prof. Dr.-Ing. H. Opitz, Aachen
Verschleißmessungen beim Drehen mit aktivierten Hartmetallwerkzeugen

Heft 113:
Prof. Dr. O. Graf, Dortmund
Erforschung der geistigen Ermüdung und nervösen Belastung: Studien über die vegetative 24-Stunden-Rhythmik in Ruhe und unter Belastung

Heft 114:
Prof. Dr. O. Graf, Dortmund
Studien über Fließarbeitsprobleme an einer praxisnahen Experimentieranlage

Heft 115:
Prof. Dr. O. Graf, Dortmund
Studium über Arbeitspausen in Betrieben bei freier und zeitgebundener Arbeit (Fließarbeit) und ihre Auswirkung auf die Leistungsfähigkeit

Heft 116:
Prof. Dr.-Ing. E. Siebel und Dr.-Ing. H. Weiss, Stuttgart
Untersuchungen an einigen Problemen des Tiefziehens — I. Teil

Heft 117:
Dr.-Ing. H. Beißwänger, Stuttgart, und Dr.-Ing. S. Schwandt, Trier
Untersuchungen an einigen Problemen des Tiefziehens — II. Teil

Heft 118:
Prof. Dr. E. A. Müller und Dr. H. G. Wenzel, Dortmund
Neuartige Klima-Anlage zur Erzeugung ungleicher Luft- und Strahlungstemperaturen in einem Versuchsraum

Heft 119:
Dr.-Ing. O. Viertel, Krefeld
Wäscherei- und energietechnische Untersuchung einer Gemeinschafts-Waschanlage

Heft 120:
Dipl.-Ing. Weisbecker, Lüdenscheid
Über Anfressung an Reinstaluminium-Schweißnähten bei der elektrolytischen Oxydation
Gebr. Hörstermann GmbH., Velbert
Entwicklung und Erprobung eines neuartigen Gummibandförderers

Heft 121:
Dr. H. Krebs, Bonn
I. Die Struktur und die Eigenschaften der Halbmetalle
II. Die Bestimmung der Atomverteilung in amorphen Substanzen
III. Die chemische Bindung in anorganischen Festkörpern und das Entstehen metallischer Eigenschaften

Heft 122:
Prof. Dr. W. Fuchs, Aachen
Untersuchungen zur Verbesserung der Wasseraufbereitung und Wasseranalyse:
Über die Schnellbewertung von Ionenaustauscher

Heft 123:
Dipl.-Ing. J. Emondts, Aachen
Über Bodenverformungen bei stark gestörtem und mächtigem, wasserführendem Deckgebirge im Aachener Steinkohlengebiet

Heft 124:
Prof. Dr. R. Seyffert, Köln
Wege und Kosten der Distribution der Hausratwaren im Lande Nordrhein-Westfalen

Heft 125:
Prof. Dr. E. Kappler, Münster
Eine neue Methode zur Bestimmung von Kondensations-Koeffizienten von Wasser

Heft 126:
Prof. Dr.-Ing. J. Mathieu, Aachen
Arbeitszeitvergleich
Grundlagen, Methodik und praktische Durchführung

Heft 127:
Güteschutz Betonstein e. V.,
Arbeitskreis Nordrhein-Westfalen, Dortmund
Die Betonwaren-Gütesicherung im Lande Nordrhein-Westfalen

Heft 128:
Prof. Dr. O. Schmitz-DuMont, Bonn
Untersuchungen über Reaktionen in flüssigem Ammoniak

Heft 129:
Prof. Dr.-Ing. J. Mathieu und Dr. C. A. Roos, Aachen
Die Anlernung von Industriearbeitern
I. Ergebnisse einer grundsätzlichen Untersuchung der gegenwärtigen Industriearbeiter-Kurzanlernung

Heft 130:
Prof.-Dr.-Ing. J. Mathieu und Dr. C. A. Roos, Aachen
Die Anlernung von Industriearbeitern
II. Beiträge zur Methodenfrage der Kurzanlernung

Heft 131:
Dr. W. Hoerburger, Köln
Versuche zur Biosynthese von Eiweiß aus Kohlenwasserstoff

Heft 132:
Prof. Dr. W. Seith, Münster
Über Diffusionserscheinungen in festen Metallen

Heft 133:
Prof. Dr. E. Jenckel, Aachen
Über einen für Schwermetalle selektiven Ionenaustauscher

Heft 134:
Prof. Dr.-Ing. H. Winterhager, Aachen
Über die elektrochemischen Grundlagen der Schmelzfluß-Elektrolyse von Bleisulfid in geschmolzenen Mischungen mit Bleichlorid

Heft 135:
Prof. Dr.-Ing. K. Krekeler und Dr.-Ing. H. Peukert, Aachen
Die Änderung der mechanischen Eigenschaften thermoplastischer Kunststoffe durch Warmrecken

Heft 136:
Dipl.-Phys. P. Pilz, Remscheid
Über spezielle Probleme der Zerkleinerungstechnik von Weichstoffen

Heft 137:
Prof. Dr. W. Baumeister, Münster
Beiträge zur Mineralstoffernährung der Pflanzen

Heft 138:
Dr. P. Hölemann und Ing. R. Hasselmann, Dortmund
Untersuchungen über die Zersetzungswärme von gasförmigem und in Azeton gelöstem Azetylen

Heft 139:
Prof. Dr. W. Fuchs, Aachen
Studien über die thermische Zersetzung der Kohle und die Kohlendestillatprodukte

Heft 140:
Dr.-Ing. G. Hausberg, Essen
Modellversuche an Zyklonen

Heft 141:
Dr. J. van Calker und Dr. R. Wienecke, Münster
Untersuchungen über den Einfluß dritter Analysenpartner auf die spektrochemische Analyse

Heft 142:
Dipl.-Ing. G. M. F. Wiebel, Hannover, A. Konermann und A. Ottenheym, Sennelager
Entwicklung eines Kalksandleichtsteines

Heft 143:
Prof. Dr. F. Wever, Dr. A. Rose und Dipl.-Ing. W. Straßburg, Düsseldorf
Härtbarkeit und Umwandlungsverhalten der Stähle

Heft 144:
Prof. Dr. H. Wurmbach, Bonn
Steuerung von Wachstum und Formbildung

Heft 145:
Dr. G. Hennemann, Werdohl (Westf.)
Beitrag zur Interpretation der modernen Atomphysik

Heft 146:
Dr.-Ing. F. Gruß, Düsseldorf
Sterilisation mit Heißluft

Heft 147:
Dr.-Ing. W. Rudisch, Unna
Untersuchung einer drehelastischen Elektromagnet-Synchronkupplung

Heft 148:
Prof. Dr. H. Bittel und Dipl.-Phys. L. Storm, Münster
Untersuchungen über Widerstandsrauschen

Heft 149:
Dipl.-Ing. K. Konopicky und Dipl.-Chem. P. Kampa, Bonn
I. Beitrag zur flammenphotometrischen Bestimmung des Calciums
Dr.-Ing. K. Konopicky, Bonn
II. Die Wanderung von Schlackenbestandteilen in feuerfesten Baustoffen

Heft 150:
Prof. Dr.,Ing. O. Kienzle und Dipl.-Ing. W. Timmerbeil, Hannover
Das Durchziehen enger Kragen an ebenen Fein- und Mittelblechen

Heft 151:
Dipl.-Ing. P. Karabasch, Aachen
Feststellung des optimalen Gasgehaltes von Bronzen zur Erzielung druckdichter Gußstücke

Heft 152:
Dipl.-Ing. G. Müller, Köln
Ermittlung der Laufeigenschaften (Vergießbarkeit) von Bronze und Rotguß mittels der Schneider-Gießspirale

Heft 153:
Prof. Dr. F. Wever, Dr.-Ing. W. A. Fischer und Dipl-Ing. J. Engelbrecht, Düsseldorf
I. Die Reduktion sauerstoffhaltiger Eisenschmelzen im Hochvakuum mit Wasserstoff und Kohlenstoff
II. Einfluß geringer Sauerstoffgehalte auf das Gefüge und Alterungsverhalten von Reineisen

Heft 154:
Prof. Dr.-Ing. P. Bardenheuer und Dr.-Ing. W. A. Fischer, Düsseldorf
Die Verschlackung von Titan aus Stahlschmelzen im sauren und basischen Hochfrequenzofen unter verschiedenen Schlacken

Heft 155:
Dipl.-Phys. K. H. Schirmer, München
Die auf Grau abgestimmte Farbwiedergabe im Dreifarbenbuchdruck

Heft 156:
Prof. Dr.-Ing. B. von Borries und Mitarbeiter, Düsseldorf
Die Entwicklung regelbarer permanentmagnetischer Elektronenlinsen hoher Brechkraft und eines mit ihnen ausgerüsteten Elektronenmikroskopes neuer Bauart

Heft 157:
Dr. W. Jawtusch, Dr. G. Schuster und Prof. Dr.-Ing. R. Jaeckel, Bonn
Untersuchungen über die Stoßvorgänge zwischen neutralen Atomen und Molekülen

Heft 158:
Dipl.-Ing. W. Rosenkranz, Meinerzhagen
Ein Beitrag zum Problem der Spannungskorrosion bei Preßprofilen und Preßteilen aus Aluminium-Legierungen

Heft 159:
Dr.-Ing. O. Viertel und O. Oldenroth, Krefeld
Das Bleichen von Weißwäsche mit Wasserstoffsuperoxyd bzw. Natriumhypochlorit beim maschinellen Waschen

Heft 160:
Prof. Dr. W. Klemm, Münster
Über neue Sauerstoff- und Fluor-haltige Komplexe

Heft 161:
Prof. Dr. W. Weltzien und Dr. G. Hauschild, Krefeld
Über Silikone und ihre Anwendung in der Textilveredlung

Heft 162:
Prof. Dr. F. Wever, Prof. Dr. A. Knochendörfer und Dr.-Ing. Chr. Rohrbach, Düsseldorf
Kennzeichnung der Sprödbruchneigung von Stählen durch Messung der Fließspannung, Reißspannung und Brucheinschnürung an dreiachsig beanspruchten Proben

Heft 163:
Dipl.-Ing. W. Rohs und Text.-Ing. H. Griese, Bielefeld
Untersuchungsarbeiten zur Verbesserung des Leinenwebstuhles III

Heft 164:
Dr.-Ing. H. Schmachtenberg, Köln
Neuartige Prüfeinrichtungen für Kraftfahrzeuge

Heft 165:
Dr.-Ing. W. Wilhelm, Aachen
Instationäre Gasströmung im Auspuffsystem eines Zweitaktmotors

Heft 166:
Prof. Dr. M. von Stackelberg, Dr. H. Heindze, Dr. H. Hübschke und Dr. K. H. Frangen, Bonn
Kolloidchemische Untersuchungen

Heft 167:
Prof. Dr.-Ing. F. Schuster, Essen
I. Über die Heißkarburierung von Brenngasen mit Ölen und Teeren
II. Die Strahlungsvorgänge in brennstoffbeheizten Öfen bei verschiedenen Verbrennungsatmosphären

Heft 168:
Prof. Dr.-Ing. F. Schuster, Essen
I. Luftvorwärmung an Gasfeuerungen
II. Heizwerthöhe von Brenngasen und Wirkungsgrad sowie Gasverbrauch bei der Gasverwendung
III. Sauerstoffangereicherte Luft und feuerungstechnische Kenngrößen von Brenngasen

Heft 169:
Forschungsinstitut für Pigmente und Lacke, Stuttgart
Arbeiten über die Bestimmung des Gebrauchswertes von Lackfilmen durch physikalische Prüfungen

Heft 170:
Prof. Dr. F. Wever, Dr. A. Rose und Dipl.-Ing. L. Rademacher, Düsseldorf
Anwendung der Umwandlungsschaubilder auf Fragen der Werkstoffauswahl beim Schweißen und Flammhärten

Heft 171:
Wäschereiforschung, Krefeld
Untersuchung der Wäscheentwässerung mit Hilfe von Zentrifugen und Pressen

Heft 172:
Dipl.-Ing. W. Rohs, Dr.-Ing. G. Satlow und Text.-Ing. G. Heller, Bielefeld
Trocknung von Hanfgarnen. Kreuzspultrocknung

Heft 173:
Prof. Dr. W. Kast, Krefeld, Prof. Dr. R. Hosemann und Dipl.-Phys. G. Schoknecht, Berlin
Lichtoptische Herstellung und Diskussion der Faltungsquadrate parakristalliner Gitter

Heft 174:
Prof. Dr. W. von Fragstein, Dr. J. Meingast und H. Hoch, Köln
Herstellung von Solen einheitlicher Teilchengröße und Ermittlung ihrer optischen Eigenschaften

Heft 175:
Dr.-Ing. H. Zeller, Aachen
Beitrag zur eindimensionalen stationären und nichtstationären Gasströmung mit Reibung und Wärmeleitung insbesondere in Rohren mit unstetigen Querschnittsänderungen

Heft 176:
Dipl.-Ing. H. Schöberl, Duisburg
Über die Methoden zur Ermittlung der Verbrennungstemperatur von Brennstoffen und ein Vorschlag zu ihrer Verbesserung

Heft 177:
Dipl.-Ing. H. Stüdemann, Solingen, und Dr.-Ing. W. Müchler, Essen
Entwicklung eines Verfahrens zur zahlenmäßigen Bestimmung der Schneideigenschaften von Messerklingen

Heft 178:
Prof. Dr. M. von Stackelberg und Dr. W. Hans, Bonn
Untersuchungen zur Ausarbeitung und Verbesserung von polarographischen Analysenmethoden

Heft 179:
Dipl.-Ing. H. F. Reineke, Bochum
Entwicklungsarbeiten auf dem Gebiete der Meß- und Regeltechnik

Heft 180:
Dr.-Ing. W. Piepenburg, Dipl.-Ing. B. Bühling und Bauing. J. Behnke, Köln
Putzarbeiten im Hochbau und Versuche mit aktiviertem Mörtel und mechanischem Mörtelauftrag

Heft 181:
Prof. Dr. W. Franz, Münster
Theorie der elektrischen Leitvorgänge in Halbleitern und isolierenden Festkörpern bei hohen elektrischen Feldern

Heft 182:
Dr.-Ing. P. Schenk und Dr. K. Osterloh, Düsseldorf
Katalytisch-thermische Spaltung von gasförmigen und flüssigen Kohlenwasserstoffen zur Spitzengaserzeugung

Heft 183:
Dr. W. Bornheim, Köln
Entwicklungsarbeiten an Flaschen- und Ampullen-Behandlungsmaschinen für die pharmazeutische Industrie

Heft 184:
Dr.-Ing. E. Printz, Kettwig
Vollhydraulische Parallel-Kupplung für Ackerschlepper

Heft 185:
Dipl.-Ing. W. Rohs und Text.-Ing. G. Heller, Bielefeld
Studien an einem neuzeitlichen Kreuzspultrockner für Bastfasergarne mit Wiederbefeuchtungszone

Heft 186:
Dr. E. Wedekind, Krefeld
Untersuchungen zur Arbeitsbestgestaltung bei der Fertigstellung von Oberhemden in gewerblichen Wäschereien

Heft 187:
Dipl.-Ing. F. Göttgens, Essen
Über die Eigenarten der Bimetall-, Thermo- und Flammenionisationssicherungsmethode in ihrer Anwendung auf Zündsicherungen

Heft 188:
W. Kinnebrock, Langenberg
Der Einfluß des Austausches gleicher Gaskochbrenner bzw. Gaskochbrennerteile auf den Wirkungsgrad und insbesondere auf den CO-Gehalt der Verbrennungsgase

Heft 189:
Fa. E. Leybold's Nachfolger, Köln
I. Ausgewählte Kapitel aus der Vakuumtechnik
II. Zum Verlust anorganisch-nichtflüchtiger Substanzen während der Gefriertrocknung

Heft 190:
Prof. Dr. A. Neuhaus, Prof. Dr. O. Schmitz-DuMont und Dipl.-Chem. H. Reckhard, Bonn
Zur Kenntnis der Alkalititanate

Heft 191:
Dr.-Ing. H. Söhngen, Darmstadt
Schwingungsverhalten eines Schaufelkranzes im Vakuum

Heft 192:
Dipl.-Phys. E. M. Schneider, München
Kohlebogenlampen für Aufnahme und Kopie

Heft 193:
Prof. Dr. O. Schmitz-DuMont, Bonn
Untersuchungen über neue Pigmentfarbstoffe

Heft 194:
Dr. K. Hecht, Köln
Entwicklung neuartiger physikalischer Unterrichtsgeräte

Heft 195:
Dr.-Ing. E. Rößger, Köln
Gedanken über einen neuen deutschen Luftverkehr

Heft 196:
Dipl.-Ing. W. Rohs und Text.-Ing. H. Griese, Bielefeld
Auswirkungen von Garnfehlern bei der Verarbeitung von Leinengarnen

Heft 197:
Dr. E. Wedekind, Krefeld
Untersuchungen zur Bestimmung der optimalen Arbeitsplatzgröße bei Mehrstuhlarbeit in der Weberei

Heft 198:
Prof. Dr. J. Weissinger, Karlsruhe
Zur Aerodynamik des Ringflügels. Die Druckverteilung dünner, fast drehsymmetrischer Flügel in Unterschallströmung

VERÖFFENTLICHUNGEN DER ARBEITSGEMEINSCHAFT FÜR FORSCHUNG DES LANDES NORDRHEIN-WESTFALEN

Naturwissenschaften

Heft 1:
Prof. Dr.-Ing. F. Seewald, Aachen
Neue Entwicklungen auf dem Gebiet der Antriebsmaschinen
Prof. Dr.-Ing. F. A. F. Schmidt, Aachen
Technischer Stand und Zukunftsaussichten der Verbrennungsmaschinen, insbesondere der Gasturbinen
Dr.-Ing. R. Friedrich, Mülheim (Ruhr)
Möglichkeiten und Voraussetzungen der industriellen Verwertung der Gasturbine

Heft 2:
Prof. Dr.-Ing. W. Riezler, Bonn
Probleme der Kernphysik
Prof. Dr. Micheel, Münster
Isotope als Forschungsmittel in der Chemie und Biochemie

Heft 3:
Prof. Dr. E. Lehnartz, Münster
Der Chemismus der Muskelmaschine
Prof. Dr. G. Lehmann, Dortmund
Physiologische Forschung als Voraussetzung der Bestgestaltung der menschlichen Arbeit
Prof. Dr. H. Kraut, Dortmund
Ernährung und Leistungsfähigkeit

Heft 4:
Prof. Dr. F. Wever, Düsseldorf
Aufgaben der Eisenforschung
Prof. Dr.-Ing. H. Schenck, Aachen
Entwicklungslinien des deutschen Eisenhüttenwesens
Prof. Dr.-Ing. M. Haas, Aachen
Wirtschaftliche Bedeutung der Leichtmetalle und ihre Entwicklungsmöglichkeiten

Heft 5:
Prof. Dr. W. Kikuth, Düsseldorf
Virusforschung
Prof. Dr. R. Danneel, Bonn
Fortschritte der Krebsforschung
Prof. Dr. W. Schulemann, Bonn
Wirtschaftliche und organisatorische Gesichtspunkte für die Verbesserung unserer Hochschulforschung

Heft 6:
Prof. Dr. W. Weizel, Bonn
Die gegenwärtige Situation der Grundlagenforschung in der Physik
Prof. Dr. S. Strugger, Münster
Das Duplikantenproblem in der Biologie
Direktor Dr. F. Gummert, Essen
Überlegungen zu den Faktoren Raum und Zeit im biologischen Geschehen und Möglichkeiten einer Nutzanwendung

Heft 7:
Prof. Dr.-Ing. A. Götte, Aachen
Steinkohle als Rohstoff und Energiequelle
Prof. Dr. Dr. E. h. K. Ziegler, Mülheim/Ruhr
Über Arbeiten des Max-Planck-Institutes für Kohlenforschung

Heft 8:
Prof. Dr.-Ing. W. Fucks, Aachen
Die Naturwissenschaft, die Technik und der Mensch
Prof. Dr. W. Hoffmann, Münster
Wirtschaftliche und soziologische Probleme des technischen Fortschritts

Heft 9:
Prof. Dr.-Ing. F. Bollenrath, Aachen
Zur Entwicklung warmfester Werkstoffe
Prof. Dr. H. Kaiser, Dortmund
Stand spektralanalytischer Prüfverfahren und Folgerung für deutsche Verhältnisse

Heft 10:
Prof. Dr. H. Braun, Bonn
Möglichkeiten und Grenzen der Resistenzzüchtung
Prof. Dr.-Ing. C. H. Dencker, Bonn
Der Weg der Landwirtschaft von der Energieautarkie zur Fremdenergie

Heft 11:
Prof. Dr.-Ing. H. Opitz, Aachen
Entwicklungslinien der Fertigungstechnik in der Metallbearbeitung
Prof. Dr.-Ing. K. Krekeler, Aachen
Stand und Aussichten der schweißtechnischen Fertigungsverfahren

Heft 12:
Dr. H. Rathert, Wuppertal-Elberfeld
Entwicklung auf dem Gebiet der Chemiefaser-Herstellung
Prof. Dr. W. Weltzien, Krefeld
Rohstoff und Veredlung in der Textilwirtschaft

Heft 13:
Dr.-Ing. E. h. K. Herz, Frankfurt a. M.
Die technischen Entwicklungstendenzen im elektrischen Nachrichtenwesen
Staatssekretär Prof. L. Brandt, Düsseldorf
Navigation und Luftsicherung

Heft 14:
Prof. Dr. B. Helferich, Bonn
Stand der Enzymchemie und ihre Bedeutung
Prof. Dr. H. W. Knipping, Köln
Ausschnitt aus der klinischen Carcinomforschung am Beispiel des Lungenkrebses

Heft 15:
Prof. Dr. A. Esau, Aachen
Ortung mit elektrischen und Ultraschallwellen in Technik und Natur
Prof. Dr.-Ing. E. Flegler, Aachen
Die ferromagnetischen Werkstoffe der Elektrotechnik und ihre neueste Entwicklung

Heft 16:
Prof. Dr. R. Seyffert, Köln
Die Problematik der Distribution
Prof. Dr. Theodor Beste, Köln
Der Leistungslohn

Heft 17:
Prof. Dr.-Ing. Seewald, Aachen
Luftfahrtforschung in Deutschland und ihre Bedeutung für die allgemeine Technik
Prof. Dr.-Ing. E. Houdremont, Essen
Art und Organisation der Forschung in einem Industrieforschungsinstitut der Eisenindustrie

Heft 18:
Prof. Dr. W. Schulemann, Bonn
Theorie und Praxis pharmakologischer Forschung
Prof. Dr. W. Groth, Bonn
Technische Verfahren zur Isotopentrennung

Heft 19:
Dipl.-Ing. K. Traenckner, Essen
Entwicklungstendenzen der Gaserzeugung

Heft 20:
M. Zvegintzow, London
Wissenschaftliche Forschung und die Auswertung ihrer Ergebnisse
Ziel u. Tätigkeit der National Research Development Corporation
Dr. A. King, London
Wissenschaft und internationale Beziehungen

Heft 21:
Prof. Dr. R. Schwarz, Aachen
Wesen und Bedeutung der Silicium-Chemie
Prof. Dr. Dr. h. c. K. Alder, Köln
Fortschritte in der Synthese von Kohlenstoffverbindungen

Heft 21 a
Prof. Dr. Dr. h. c. O. Hahn, Göttingen
Die Bedeutung der Grundlagenforschung für die Wirtschaft
Prof. Dr. S. Strugger, Münster
Die Erforschung des Wasser- und Nährsalztransportes im Pflanzenkörper mit Hilfe der fluoreszenzmikroskopischen Kinematographie

Heft 22:
Prof. Dr. J. von Allesch, Göttingen
Die Bedeutung der Psychologie im öffentlichen Leben
Prof. Dr. O. Graf, Dortmund
Triebfedern menschlicher Leistung

Heft 23:
Prof. Dr. Dr. h. c. B. Kuske, Köln
Zur Problematik der wirtschaftswissenschaftlichen Raumforschung
Prof. Dr. Dr.-Ing. E. h. St. Prager, Düsseldorf
Städtebau und Landesplanung

Heft 24:
Prof. Dr. R. Danneel, Bonn
Über die Wirkungsweise der Erbfaktoren
Prof. Dr. K. Herzog, Krefeld
Bewegungsbedarf der menschlichen Gliedmaßengelenke bei der Berufsarbeit

Heft 25:
Prof. Dr. O. Haxel, Heidelberg
Energiegewinnung aus Kernprozessen
Dr.-Ing. Dr. M. Wolf, Düsseldorf
Gegenwartsprobleme der energiewirtschaftlichen Forschung

Heft 26:
Prof. Dr. F. Becker, Bonn
Ultrakurzwellenstrahlung aus dem Weltraum
Dr. H. Straßl, Bonn
Bemerkenswerte Doppelsterne und das Problem der Sternentwicklung

Heft 27:
Prof. Dr. H. Behnke, Münster
Der Strukturwandel der Mathematik in der ersten Hälfte des 20. Jahrhunderts
Prof. Dr. E. Sperner, Hamburg
Eine mathematische Analyse der Luftdruckverteilung in großen Gebieten

Heft 28:
Prof. Dr. O. Niemczyk, Aachen
Die Problematik gebirgsmechanischer Vorgänge im Steinkohlenbergbau
Prof. Dr. W. Ahrens, Krefeld
Die Bedeutung geologischer Forschung für die Wirtschaft besonders in Nordrhein-Westfalen

Heft 29:
Prof. Dr. B. Rensch, Münster
Das Problem der Residuen bei Lernleistungen
Prof. Dr. H. Fink, Köln
Über Leberschäden bei der Bestimmung des biologischen Wertes verschiedener Eiweiße von Mikroorganismen

Heft 30:
Prof. Dr.-Ing. F. Seewald, Aachen
Forschungen auf dem Gebiete der Aerodynamik
Prof. Dr.-Ing. K. Leist, Aachen
Forschungen in der Gasturbinentechnik

Heft 31:
Prof. Dr.-Ing. Dr. h. c. F. Mietzsch, Wuppertal
Chemie und wirtschaftliche Bedeutung der Sulfonamide
Prof. Dr. Dr. h. c. G. Domagk, Wuppertal
Die experimentellen Grundlagen der bakteriellen Infektionen

Heft 32:
Prof. Dr. H. Braun, Bonn
Die Verschleppung von Pflanzenkrankheiten und -schädlingen über die Welt
Prof. Dr. W. Rudorf, Voldagsen
Der Beitrag von Genetik und Züchtung zur Bekämpfung von Viruskrankheiten der Nutzpflanzen

Heft 33:
Prof. Dr.-Ing. V. Aschoff, Aachen
Probleme der elektroakustischen Einkanalübertragung
Prof. Dr.-Ing. H. Döring, Aachen
Erzeugung und Verstärkung von Mikrowellen

Heft 34:
Geheimrat Prof. Dr. Dr. R. Schenck, Aachen
Bedingungen und Gang der Kohlenhydratsynthese im Licht
Prof. Dr. E. Lehnartz, Münster
Die Endstufen des Stoffabbaues im Organismus

Heft 35:
Prof. Dr.-Ing. H. Schenck, Aachen
Gegenwartsprobleme der Eisenindustrie in Deutschland
Prof. Dr.-Ing. Piwowarsky †, Aachen
Gelöste und ungelöste Probleme im Gießereiwesen

Heft 36:
Prof. Dr. W. Riezler, Bonn
Teilchenbeschleuniger
Prof. Dr. G. Schubert, Hamburg
Anwendung neuer Strahlenquellen in der Krebstherapie

Heft 37:
Prof. Dr. F. Lotze, Münster
Probleme der Gebirgsbildung
Bergwerksdirektor Bergassessor a. D. Rauschenbach, Essen
Die Erhaltung der Förderungskapazität des Ruhrbergbaues auf lange Sicht

Heft 38:
Dr. E. C. Cherry, London
Kybernetik
Prof. Dr. E. Pietsch, Clausthal-Zellerfeld
Dokumentation und mechanisches Gedächtnis — zur Frage der Ökonomie der geistigen Arbeit

Heft 39:
Dr. H. Haase, Hamburg
Infrarot und seine technischen Anwendungen
Prof. Dr. A. Esau, Aachen
Die Bedeutung des Ultraschalls für technische Anwendungsgebiete

Heft 40:
Bergassessor F. Lange, Bochum-Hordel
Die wirtschaftliche und soziale Bedeutung der Silikose im Bergbau
Prof. Dr. W. Kikuth, Düsseldorf
Die Entstehung der Silikose und ihre Verhütungsmaßnahmen

Heft 40 a:
Prof. Dr. E. Gross, Bonn
Berufskrebs und Krebsforschung
Prof. Dr. H. W. Knipping, Köln
Die Situation der Krebsforschung vom Standpunkt der Klinik

Heft 41:
Dr.-Ing. G. V. Lachmann, Teddington
An einer neuen Entwicklungsschwelle im Flugzeugbau
Dr. A. Gerber, Zürich
Stand der Entwicklung der Raketen- und Lenktechnik

Heft 42:
Prof. Dr. T. Kraus, Köln
Lokalisationsphänomene und Raumordnung vom Standpunkt der geographischen Wissenschaft
Direktor Dr. F. Gummert, Essen
Vom Ernährungsversuchsfeld der Kohlenstoffbiologischen Forschungsstation Essen (Ein 6 Jahre lang durchgeführter Versuch, einen Menschen aus dem Ertrag von 1250 qm zu ernähren)

Heft 42 a:
Prof. Dr. Dr. h. c. G. Domagk, Wuppertal
Fortschritte auf dem Gebiet der experimentellen Krebsforschung

Heft 43:
Prof. G. Lampariello, Rom
Über Leben und Werk von Heinrich Hertz
Prof. Dr. W. Weizel, Bonn
Über das Problem der Kausalität in der Physik

Heft 43 a:
Prof. Dr. J. Mª Albareda, Madrid
Die Entwicklung der Forschung in Spanien

Heft 44:
Prof. Dr. B. Helferich, Bonn
Über Glykose
Prof. Dr. F. Micheel, Münster
Kohlenhydrat-Eiweiß-Verbindungen und ihre bio-chemische Bedeutung

Heft 45:
Prof. Dr. J. von Neumann, Princeton/USA
Entwicklung und Ausnutzung neuerer mathematischer Maschinen
Prof. Dr. E. Stiefel, Zürich
Rechenautomaten im Dienste der Technik mit Beispielen aus dem Züricher Institut für angewandte Mathematik

Heft 46:
Prof. Dr. W. Weltzien, Krefeld
Ausblick auf die Entwicklung synthetischer Fasern
Prof. Dr. W. Hoffmann, Münster
Wachstumsformen der Industriewirtschaft

Heft 47:
Staatssekretär Prof. L. Brandt, Düsseldorf
Die praktische Förderung der Forschung in Nordrhein-Westfalen
Prof. Dr. L. Raiser, Bad Godesberg
Die Förderung der angewandten Forschung durch die Deutsche Forschungsgemeinschaft

Heft 48:
Dr. H. Tromp, Rom
Bestandsaufnahme der Wälder der Welt als internationale und wissenschaftliche Aufgabe
Prof. Dr. F. Heske, Schloß Reinbek
Die Wohlfahrtswirkungen des Waldes als internationales Problem

Heft 49:
Präsident Dr. G. Böhnecke, Hamburg
Zeitfragen der Ozeanographie
Reg.-Direktor Dr. H. Gabler, Hamburg
Nautische Technik und Schiffssicherheit

Heft 50:
Prof. Dr.-Ing. F. A. F. Schmidt, Aachen
Probleme der Selbstentzündung und Verbrennung bei der Entwicklung der Hochleistungskraftmaschinen
Prof. Dr.-Ing. A. W. Quick, Aachen
Ein Verfahren zur Untersuchung des Austauschvorganges in verwirbelten Strömungen hinter Körpern mit abgelöster Strömung

Heft 51:
Prof. Dr. S. Strugger, Münster
Struktur, Entwicklungsgeschichte und Physiologie der Chloroplasten
Direktor Dr. J. Pätzold, Erlangen
Therapeutische Anwendung mechanischer und elektrischer Energie

VERÖFFENTLICHUNGEN DER ARBEITSGEMEINSCHAFT FÜR FORSCHUNG DES LANDES NORDRHEIN-WESTFALEN

Geisteswissenschaften

Heft 1:
Prof. Dr. W. Richter, Bonn
Die Bedeutung der Geisteswissenschaften für die Bildung unserer Zeit
Prof. Dr. J. Ritter, Münster
Die aristotelische Lehre vom Ursprung und Sinn der Theorie

Heft 2:
Prof. Dr. J. Kroll, Köln
Elysium
Prof. Dr. G. Jachmann, Köln
Die vierte Ekloge Vergils

Heft 3:
Prof. Dr. H. Stier, Münster
Die klassische Demokratie

Heft 4:
Prof. Dr. W. Caskel, Köln
Lihyan und Lihyanisch, Sprache und Kultur eines frühorabischen Königreiches

Heft 5:
Prof. Dr. T. Ohm, Münster
Stammesreligionen im südlichen Tanganyika-Territorium

Heft 6:
Prälat Prof. Dr. Dr. h. c. G. Schreiber, Münster
Deutsche Wissenschaftspolitik von Bismarck bis zum Atomwissenschaftler Otto Hahn

Heft 7:
Prof. Dr. W. Holtzmann, Bonn
Das mittelalterliche Imperium und die werdenden Nationen

Heft 8:
Prof. Dr. W. Caskel, Köln
Die Bedeutung der Beduinen in der Geschichte der Araber

Heft 9:
Prälat Prof. Dr. Dr. h. c. G. Schreiber, Münster
Iroschottische Motive im abendländischen Sakralraum

Heft 10:
Prof. Dr. P. Rassow
Forschungen zur Reichsidee im 16. und 17. Jahrhundert

Heft 11:
Prof. Dr. H. E. Stier, Münster
Roms Aufstieg zur Weltherrschaft

Heft 12:
Prof. D. K. Rengstorf, Münster
Mann und Frau im Urchristentum
Prof. Dr. H. Conrad, Bonn
Grundprobleme einer Reform des Familienrechts

Heft 13:
Prof. Dr. M. Braubach, Bonn
Der Weg zum 20. Juli 1944 — Ein Forschungsbericht

Heft 14:
Prof. Dr. P. Hübinger, Münster
Das deutsch-französische Verhältnis und seine mittelalterlichen Grundlagen

Heft 15:
Prof. Dr. F. Steinbach, Bonn
Der geschichtliche Weg des wirtschaftenden Menschen in die soziale Freiheit und politische Verantwortung

Heft 16:
Prof. Dr. J. Koch, Köln
Die Ars coniecturalis des Nikolaus von Cues

Heft 17:
Prof. Dr. J. Conant, US-Hochkommissar für Deutschland
Staatsbürger und Wissenschaftler
Prof. D. K. H. Rengstorf, Münster
Antike und Christentum

Heft 18:
Prof. Dr. R. Alewyn, Köln
Klopstocks Publikum

Heft 19:
Prof. Dr. F. Schalk, Köln
Das Lächerliche in der französischen Literatur des Ancien Régime

Heft 20:
Prof. Dr. L. Raiser, Bad Godesberg
Rechtsfragen der Mitbestimmung

Heft 21:
Prof. D. M. Noth, Bonn
Das Geschichtsverständnis der alttestamentlichen Apokalyptik

Heft 22:
Prof. Dr. W. F. Schirmer, Bonn
Glück und Ende des Königs in Shakespeares Historien

Heft 23:
Prof. Dr. G. Jachmann, Köln
Der homerische Schiffskatalog und die Ilias

Heft 24:
Prof. Dr. T. Klauser, Bonn
Die römischen Petrustraditionen im Lichte der neuen Ausgrabungen unter der Peterskirche

Heft 25:
Prof. Dr. H. Peters, Köln
Die Gewaltentrennung in moderner Sicht

Heft 26:
Prof. Dr. F. Schalk, Köln
Calderon und die Mythologie

Heft 27:
Prof. Dr. J. Kroll, Köln
Vom Leben geflügelter Worte

Heft 28:
Prof. Dr. T. Ohm, Münster
Die Religionen in Asien

Heft 29:
Prof. Dr. L. Weisgerber, Bonn
Die Ordnung der Sprache im persönlichen und öffentlichen Leben

Heft 30:
Prof. Dr. W. Caskel, Köln
Entdeckungen in Arabien

Heft 31:
Prof. Dr. M. Braubach, Bonn
Entstehung und Entwicklung der landesgeschichtlichen Bestrebungen und historischen Vereine im Rheinland

Heft 32:
Prof. Dr. F. Schalk, Köln
Somnium und verwandte Wörter in den romanischen Sprachen

Heft 33:
Prof. Dr. F. Dessauer, Frankfurt a. M.
Erbe und Zukunft des Abendlandes

Heft 34:
Prof. Dr. T. Ohm, Münster
Ruhe und Frömmigkeit

Heft 35:
Prof. Dr. H. Conrad, Bonn
Die mittelalterliche Besiedlung des deutschen Ostens und das deutsche Recht

Heft 36:
Prof. Dr. H. Sckommodau, Köln
Die religiösen Dichtungen Margaretes von Navarra

Heft 37:
Prof. Dr. H. von Einem, Bonn
Der Kopf mit der Binde des Meisters von Naumburg

Heft 38:
Prof. Dr. J. Höffner, Münster
Statik und Dynamik in der scholastischen Wirtschaftsethik

Heft 39:
Prof. Dr. F. Schalk, Köln
Diderots Essai über Claudius und Nero

Heft 40:
Prof. Dr. G. Kegel, Köln
Probleme des internationalen Enteignungs- und Währungsrechts

Heft 41:
Prof. Dr. L. Weisgerber, Bonn
Die Grenzen der Schrift

Heft 42:
Prof. Dr. R. Alewyn, Köln
Von der Empfindsamkeit zur Romantik

Heft 43:
Prof. Dr. T. Schieder, Köln
Die Probleme des Rapallo-Vertrages 1922

Heft 44:
Prof. Dr. A. Rumpf, Köln
Stilphasen der spätantiken Kunst

If you have any concerns about our products,
you can contact us on
ProductSafety@springernature.com

In case Publisher is established outside the EU,
the EU authorized representative is:
**Springer Nature Customer Service Center GmbH
Europaplatz 3, 69115 Heidelberg, Germany**

Printed by Libri Plureos GmbH
in Hamburg, Germany